Yoshihara Masahiro's
Military Illustrations

**Military
Stowage Bin**

요시하라 마사히로 밀리터리 일러스트 작품집

요시하라 마사히로
블루픽

밀리터리 잡동사니 상자

밀리터리 잡동사니 상자

Yoshihara Masahiro's Military Illustrations
Military Stowage Bin

CONTENTS

■ 제1부 WWII추축군편

6호 전차 E형 티거1 ········· 6
(출전: 밀리터리 클래식스 15호)

3호 돌격포 G형 ········· 10
(출전: 밀리터리 클래식스 24호)

4호 전차 H형 ········· 14
(출전: 밀리터리 클래식스 18호)

3호 전차 ········· 18
(출전: 아머 모델링 41호)

5호 전차 판터 ········· 21
(출전: 밀리터리 클래식스 9호)

배케 중전차연대 ········· 26
(출전: 아머 모델링 51호)

6호 전차 B형 티거2 ········· 28
(출전: 아머 모델링 38호+밀리터리 클래식스 15호)

2차 대전의 독일군 장갑열차 ········· 35

수수께끼의 4.5호 전차의 장 ········· 39
(본서를 위한 새 일러스트)

포케불프 Fw190D-9/Ta152H ········· 40
(출전: 밀리터리 클래식스 22호) 크릭스마리네 ········· **44**

메셔슈미트 Me321/323기간트＆융커스 Ju322마무트 ··· **45**

독일 공군 파일럿의 군장 ········· 49
(출전: 독일 공군 전장 사진집) 이칠란트급 장갑함 ········· **54**

(출전: 밀리터리 클래식스 10호) M4 셔먼 중(中)전차 ········· **58**
(출전: 밀리터리 클래식스 20호)

■ 제2부 WWII연합군편

영국 공군 공수부대 ········· 62
(출전: 밀리터리 클래식스 25호)

자유 프랑스군 ········· 66
(출전: 밀리터리 클래식스 19호)

슈퍼마린 스핏파이어 ········· 68
(출전: 밀리터리 클래식스 23호)

킹 조지 5세 ········· 72
(출전: 밀리터리 클래식스 16호)

■ 제3부 군함 유니폼 메모장편

제2차 세계대전의 독일 해군 U보트 승조원 ~1편~
U보트 승조원의 기본적인 복장 ········· 103
(출전: 네이비 야드 12호)

제2차 세계대전의 독일 해군 U보트 승조원 ~2편~
U보트 승조원의 다양한 복장들 ········· 101
(출전: 네이비 야드 13호)

제2차 세계대전의 독일 해군 U보트 승조원 ~3편~
U보트 승조원의 구명조끼와 쌍안경 ········· 97
(출전: 네이비 야드 14호)

제2차 세계대전의 영연방 해군 ~1편~
영연방 해군 사관의 복장 ········· 91
(출전: 네이비 야드 15호)

제2차 세계대전의 영연방 해군 ~2편~
영연방 해군 부사관 및 수병의 복장 ········· 87
(출전: 네이비 야드 16호)

제2차 세계대전의 영연방 해군 ~3편~
영연방 해군 잠수함 승조원의 복장 ········· 81
(출전: 네이비 야드 17호)

※제3부는 뒷표지부터 읽어 주세요

■ 일본어판 스태프 STAFF

일러스트와 글 Illustrations & Text
요시하라 마사히로 Yoshihara Masahiro

일본어판 편집 Editor
고토 츠네히로 Goto Tsunehiro

아트 디렉터 Art Director
요코카와 타카시   Yokokawa Takashi

인사말

이 책은 제가 〈네이비 야드〉 지(대일본회화 간행)를 시작으로 그밖의 다양한 잡지나 단행본에 그렸던 일러스트 중에서 제2차대전의 무기와 역사에 관한 작품을 모은 것입니다. 내용은 개재된 지면의 특집에 맞춰 육·해·공·기타 등등이며 그린 시기도 가장 오래된 것은 1990년(이제는 지난 세기!)이라는, 그야말로 본서 제목대로 잡다한 작품의 집합체-또는 잡동사니-입니다.

그런 이유로 여러분들이 본서를 통독해도 특정 분야에 대해 제대로 된 지식은 전혀 얻을 수 없습니다. 오히려 일반적인 통사나 무기 개발 기록에서는 그다지 주목받지 못하는 화제, 상세한 수치 데이터나 화려한 무용담과는 인연이 없는 인물과 에피소드 쪽이 많습니다. 저는 그런 이야기가 좋습니다. 그래서 저의 학창시절을 되돌아보면 수업에서 가장 재미있게 들은 것은 원래의 수업 내용에서 탈선한 선생의 잡담이었습니다. 때로는 교과서보다 훨씬 재미있고 도움이 되는 것도 있었습니다. 이 책도 마찬가지로 잡다한 내용에 보고 읽으면 재미있는, 도움이 될지 안 될지는 모르겠지만 어쨌든 여기저기 페이지를 건너뛰면서 잡학을 즐겨 주시기 바랍니다…가 필자인 저의 바램입니다.

작품을 그리면서 국내외의 다양한 문헌과 자료의 신세를 지기는 했습니다만, 일러스트 및 문장의 내용에서 오류, 잘못된 출처, 착각은 전부 제 책임입니다. 또한 영국과 독일에서는 무기의 형식에 로마 숫자를 사용하는 경우가 있습니다. 일본어의 문장에서도 이를 따르는 것이 맞다고 생각하지만, 제가 담당한 문장에서는 활자·손글씨 양쪽에서 읽기 편한 것에 우선해 될 수 있으면 아라비아 숫자를 사용하겠습니다. 그리고 본서는 제대로 된 전문서가 아닌-어이어이-점 양해 부탁드립니다.

그럼 여러분! 페이지를 넘기시고 잡동사니 상자에 무엇이 들었는지 봐 주십시오.

요시하라 마사히로
Yoshihara Masahiro

오카야마 현 출신. 와세다 대학 졸업 후 가와사키 기선에서 근무했다. 퇴직 후 만화가 히로카네 켄시의 어시스턴트로 일하며 경력을 쌓고 만화가로 데뷔했다.
주요 단행본으로는 〈요시하라 마사히로 작품집 1 영격공역〉, 〈요시하라 마사히로 작품집 2 님로드〉, 〈요시하라 마사히로 작품집 3 라이카의 귀환 완전판〉, 〈요시하라 마사히로 작품집 4 갤롯 피그 구즈 제로〉(전 작품 겐토샤 발간)가 있다.
현재 밀리터리 역사 매거진 〈역사군상〉(가켄 퍼블리싱/격월간)에서 만화 〈전장전설 시리즈〉를 연재 중이다.

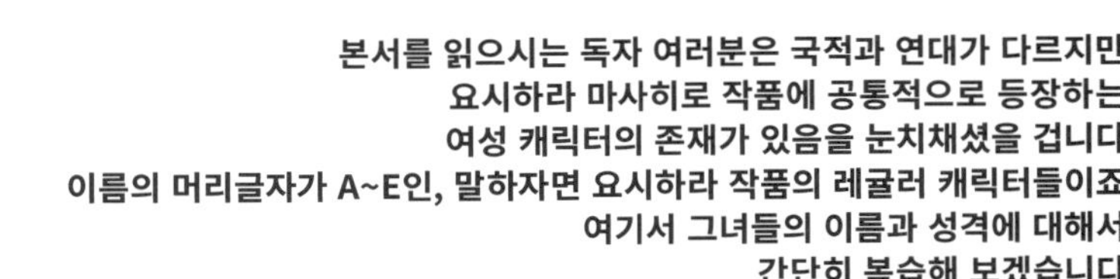

이 책에 등장하는 주요 캐릭터

본서를 읽으시는 독자 여러분은 국적과 연대가 다르지만
요시하라 마사히로 작품에 공통적으로 등장하는
여성 캐릭터의 존재가 있음을 눈치채셨을 겁니다
이름의 머리글자가 A~E인, 말하자면 요시하라 작품의 레귤러 캐릭터들이죠
여기서 그녀들의 이름과 성격에 대해서
간단히 복습해 보겠습니다

가명
C코 : 덜렁이
크리스티나(미국, 영연방)
크리스타(독일)

가명
A코 : 왕언니
안젤라(미국/영연방)
안젤리크(영불혼혈, 전과1범)
앙겔라(독일)

가명
D코 : 간사이 사람, 현재 금연 중
도로시(미국/영연방)
도로테아(독일)

가명
B코 : 싸움꾼
바바라(미국/영연방/아일랜드)
바르바라(독일)

☆추가 가명들
F코 : 아가씨
프란시스(영국)
G코 : 협객
그레타(독일)

가명
E코 : 반장
에리카(미국/영연방/독일)

WWII 추축군편
part 1　WWII Axis Forces

6호 전차 E형 티거1
3호 돌격포 G형
4호 전차 H형
3호 전차
5호 전차 판터
배케 중전차연대
6호 전차 B형 티거2
2차 대전의 독일군 장갑열차
수수께끼의 4.5호 전차의 장
포케불프 Fw190D-9/Ta152H
크릭스마리네
메셔슈미트 Me321/323기간트＆융커스 Ju322마무트
독일 공군 파일럿의 군장
도이칠란트급 장갑함

6호 전차 E 티거 I 형

Panzerkampfwagen VI Ausf.E (Sd.kfz.181)/Tiger I

기뻐하며(아마도) P티거 2호차를
쓰다듬는 포르셰 박사의 그림

후후훗♪

소형화된 머즐 브레이크
그래도 중량 35㎏응. 이전 모델은
60㎏응이었다. 역시 중전차!

🖌 코끼리가 되지 못한 호랑이, 람티거(Rammtiger)

시가전 시 바리케이트나 건물 돌파 용도.
P티거에 장갑 차체를 덧붙여
43년 8월에 3대가
완성되었다. 이런
물건을 진심으로 만든
포르셰 박사는 대체…?!

수많은 전차 에이스를 배출한 티거─. 용감무쌍
한 에피소드는 지금까지 여기저기서 소개됐지
만, 어째선지 여기서는 포르셰 박사와 마이너한
제508 중전차대대가 이야기의 중심이다.
이것은 저자의 취향이 반영된 결과입니다!

●영국 병사 토미 히카루는 전쟁사 연구가 시라이시 히카루 씨의 이름을 빌렸습니다. 이 원고가 게재되었던 잡지 〈밀러터리 클래식스〉에도 매호 기사를 집필하고 계십니다. 우리나라도 업계에 독일군 동조자(?)가 압도적으로 많은 와중에 변함없는 영미군파-라는 것은 필자의 짐작이지만-이기에 편집부를 통해 허락을 받아 앞으로도 몇 번인가 등장했으면 합니다. 유감스럽게도 아직 필자는 시라이시 씨 본인과 만나본 적이 없어서 토미 씨의 인품과 외모는 완전 픽션입니다.

실은 토미 씨는 급식에 몰래 설사약을 타서 독일 병사들이 괴로워하는 틈에 탈주한다는 계획을 세우고 있습니다. 라는 뒷설정이 있습니다.(웃음)

티거 후기형. 제508중전차대대 제3중대. 이탈리아 전선, 1944년 8월

Tiger I Late Production, 3rd Company. s. Pz. Abt. 508, Italy, Aug. 1944.

●제508 중전차대대는 1943년 말부터 티거를 수령해 다음 해 1944년 2월에 이탈리아로 파견되었습니다. 그리고 이 시기에 딱 맞춰 연합군이 안치오에 상륙했습니다. 이후 대대는 이탈리아 반도에서 지연 전술을 펼치며 후퇴하는 독일 C집단군의 일익을 담당하게 됐지만, 독일군은 전황에 따라 지키기 쉬운 험한 지형의 산악 지대에 포진했습니다. 그런데 산길, 그것도 오르락내리락 꾸불꾸불한 좁은 길이다 보니 미션과 브레이크 계통이 아킬레스건인 티거에게는 최악의 전장이었죠. 역시나 대대가 보유한 전차는 고장과 연료 부족으로 점점 줄어들다 5월에는 하루 만에 19대의 티거를 잃은 대대장이 모가지 당하는 상황이 벌어졌습―다. 그리고 나서 6월에는 토스카나 지방에서 13대-대부분 자폭 처분-를 잃고 말았습니다. 대대 정수가 45대인 것을 생각하면 엄청난 페이스로 소모된 셈입니다.

●야마노 선생은 군사 연구가인 야마노 하루오 씨입니다. 대일본회화에서도 〈세계의 전차 일러스트레이티드〉 시리즈를 번역했습니다. 이 원고는 티거1형 특집호를 위해 그린 것으로, 야마노 씨는 총론의 집필을 담당했습니다. 실은 그때 편집부에서 "야마노 씨가 포르셰 박사의 얼굴을 보고 싶네'라고 말했어요."라는 말을 들었다. 그러니까 필자의 P티거 선호는 권위자의 찬동을 얻은 것이죠.(←살짝 논지가 어긋났나?)

상단: 포탑 내부

- 7.92mm MG34 동축기관총 마운트
- 포방패와 포가는 일체형이다
- 8.8cm KwK36 L/56 (8.8cm 56구경 36식 전차포)
- 포 양 옆으로는 포탑 견인용 돌출부를 일체로 만들어 놓았다
- TZF9b 양안조준기
- 포수용 포탑 선회 핸들
- 주포 발사 레버
- 주포 부앙 핸들
- 동축기관총 발사 페달
- 포탑 선회 페달
- 포수석 시트
- 탄약수석 등받이
- 관측창
- 주포 평형기
- 방독면 홀더
- 기관총 탄약백(150발). 기총 마운트에 장착한다.
- 탈출용 해치. 보통 환기나 빈 포탄피를 버릴 때 쓴다
- 퓨즈 박스
- 기관단총(MP)홀더
- 포탑 견인 랙
- 잡물함(게펙카스텐)
- 리코일 가드. 발포 시 후퇴하는 포미로부터 승무원을 보호한다
- 포탄피받이(재질은 천)
- 전차장석 등받이. 수평으로 세워서 고정하면 전차장이 큐폴라에서 머리를 내밀고 밖을 볼 때 앉을 수 있는 좌석이 되는 구조다!!
- 포탑 링
- 포탑 바스켓 바닥. 이곳은 차체의 전투실 바닥과 이어진다
- 전차장용 포탑 선회 핸들
- 보조 선회용 피니언 기어
- 전차장석
- 식수용 양철 캔
- 보조(수동)포탑선회 장치
- 유압식 포탑 선회 장치

하단: 차체 내부

- 통신수석 등받이
- 기총 탄통
- 공구함
- 주포탄 거치대(각 4×4발). 칸막이는 4장으로, 자바라처럼 열린다!
- 주포탄 거치대 (각 2발)
- 연료 주입구 장갑 커버
- 냉각수 주입구 장갑 커버
- 마이바흐 HL230P45 12기통 엔진. 251호차부터 장착됐다. 250호차까지의 엔진은 마이바흐 HL210으로 위에 원반형 에어 필터가 3개 있는 것이 식별점
- 배기관&커버. 배기관이 빨갛게 달궈지면 밤에 멀리서도 눈에 띈다. 그래서 43년 1월부터 커버를 장착했다. 장갑 커버라는 자료도 있지만, 그렇지는 않고 눈가림을 위한 얇은 강철판이다.
- 좌측 라디에이터 냉각용 팬
- 좌측 라디에이터
- 좌측 연료 탱크
- 좌측 제1동륜 스윙 암
- 핸드브레이크
- 조향 레버(비상용)
- 마이바흐O G40126A 트랜스미션
- 조종석 시트
- 제1 보기륜용 쇼바
- 포탑 선회축
- 포탑 선회 동력 전달용 샤프트
- 토션바
- 배터리. 드라이브 샤프트 사이에 두 개가 있다
- 전투실 바닥(실제로는 미끄럼 방지 요철이 있다)
- 드라이브 샤프트(구동축)
- 주포탄 거치대(3×2발). 전투실 바닥에 있다. 포탑 바스켓 바닥에 수납용 해치가 있다.

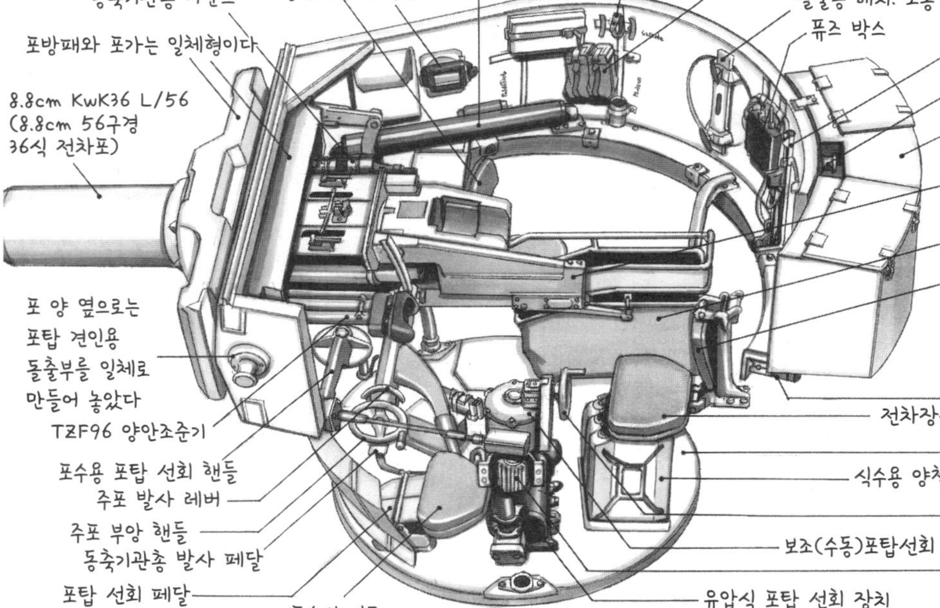

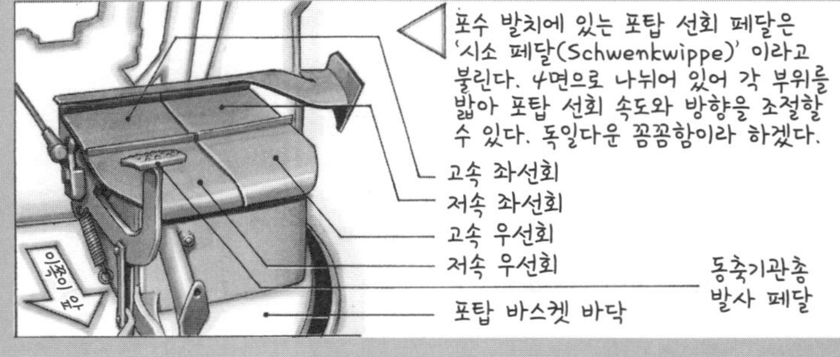

◁ 포수 발치에 있는 포탑 선회 페달은 '시소 페달(Schwenkwippe)'이라고 불린다. 4면으로 나뉘어 있어 각 부위를 밟아 포탑 선회 속도와 방향을 조절할 수 있다. 독일다운 꼼꼼함이라 하겠다.

해치의 둥근 구멍은 포대경을 내밀고 보기 위한 것. 하지만 이 구멍이 계속 열려 있으면 비오는 날에는 곤란하지 않나?

큐폴라 옆의 수납함은 지휘전차 특유의 장비다. 신호용 발연탄을 넣어 둔다는 설과 넣어 둔 것은 통신관이라는 설이 있다. 진실은 어느 쪽?

잡물상자의 뒤편에 예비궤도가 6장 있다. 하지만 왜 이렇게 불편한 위치에!?

조종수용 잠망경이 추가되었다.

P티거 등장! 포르셰 티거 지휘전차.
제653중(여기서 끊고)전차구축대대 본부중대 003호차. 폴란드 동부, 1944년 5~7월

P티거 시제차 중에 최종 호차가 44년에 지휘전차로 개조돼 동부전선에 보내졌다. 다만, 5월에 배치됐지만 2개월 만에 상실하고 말았다. 싱거운 결말이 P티거답다.

흙받이에서 포신 보호슬리브까지 치메리트 코팅처리가 되어있다. 단품이여서 꼼꼼히 작업한 건지도.

차체 전면에는 100밀리 두께의 장갑판이 볼트로 고정돼 있다.

653대대의 장비는 엘레판트와 구동계를 통일시켜서 정비에 문제는 없었어요

그런데 어째서 두 달만에?!

연막탄 발사기(스모크 디스차저) 장착용 마운트

증설된 무전기용 슈테른(별)* 안테나도 지휘전차의 특징이다.
역주) 일반적으로 피뢰침 안테나라 부른다.

포탑은 대개 뒤를 향하고 있다. 이러는게 밸런스가 좋은 것 같다…

기동륜과 유동륜의 스포크는 절반인 4개가 됐다.

엔진을 마이바흐 HL120TRM (3/4호전차의 주 엔진) 2기로 교체한 점은 엘레판트와 같다.

궤도와 구동계도 엘레판트와 같은 새로운 타입으로 교체. 하지만 그렇게 했는데도 2개월만에……

기관총 탄입대

7.92mm MG34 차재기관총 마운트

무전기 랙. 상단에는 수신기와 송신기, 하단에는 수신기가 하나 더 있다.

우측 조향 브레이크

관측창용 방탄유리(예비)

계기판

마이바흐 L600C 조향변속기

변속 레버

조종수석 관측창

조향 스티어링 핸들

클러치 레버

최종감속기 장착 위치

좌측 조향 브레이크

박사의 명예를 위해 말해 두지만 전차만 빼면 포르셰는 지금도 세계적인 명품 브랜드야

오오~♡ 이번에는 세상에서 제일 흉악한
초!중전차드아!!

포르셰 205호 "마우스"

그게 문제가 아니야…

역시나 전동이다

3호 돌격포 G형

Sturmgeschütz III Ausf.G (Sd.kfz.142/

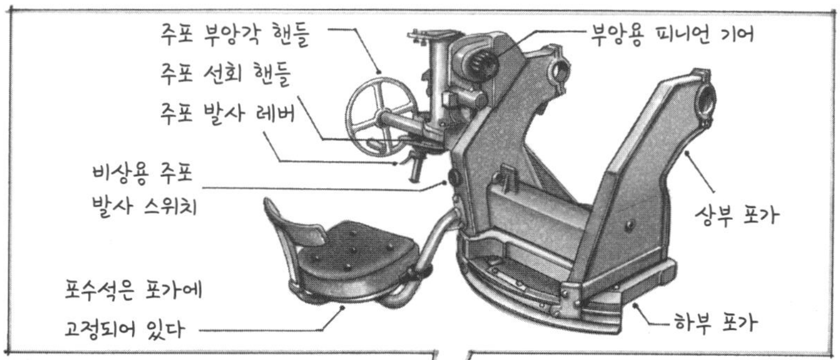

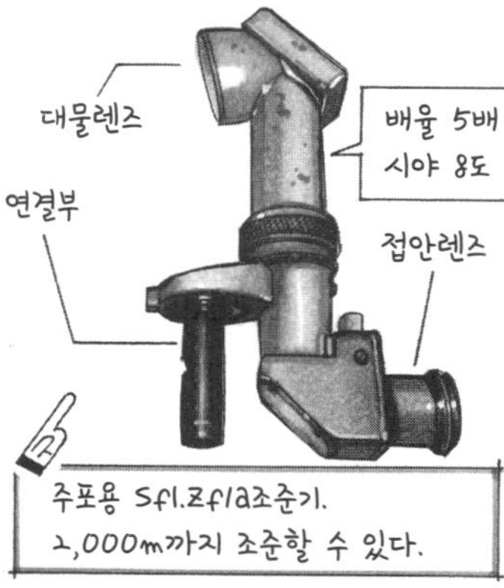

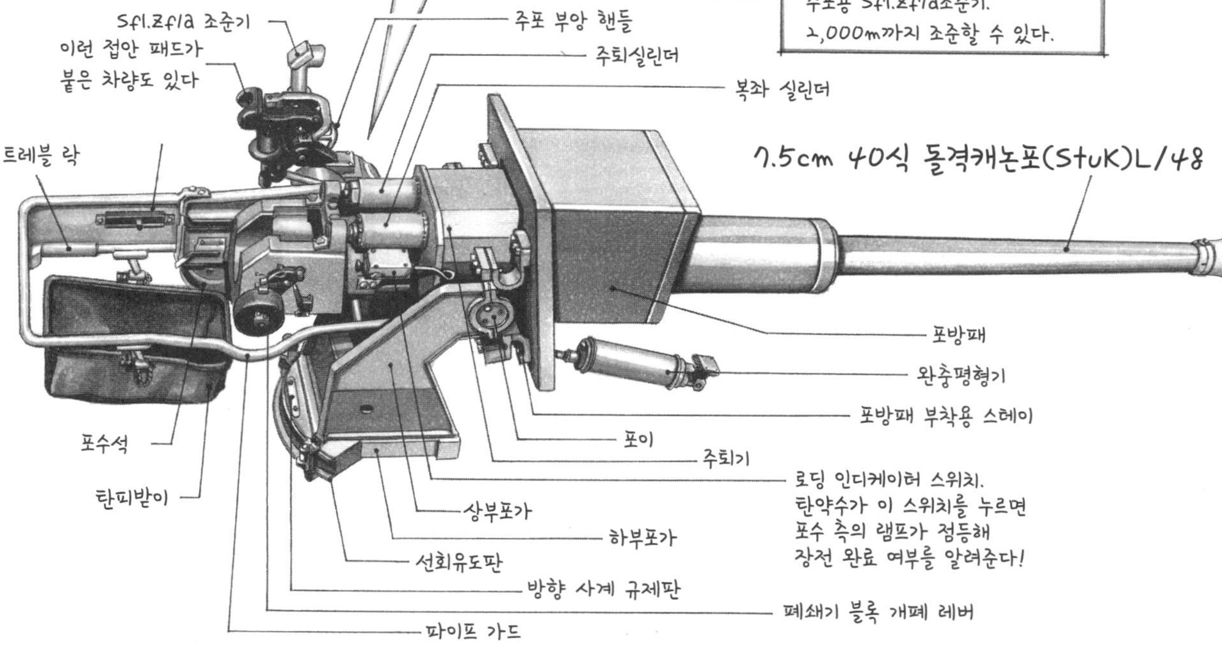

◁ **3호 돌격포 G형(거의)초기형의 내부 레이아웃**

III호 돌격포는 당초 보병지원을 위해 개발 됐지만, 대전 후반에는 장포신 7·5센티 미터 포를 장착한 대전차 차량으로 운용됐다. 여기서는 G형 초기형의 차량 내 레이아웃 과 함께 만화로 싸우는 모습을 소개하겠다.

◀◀또다른 3호 돌격포(일러스트는 12p 참조). 이 3호 돌격포는 그동안 알려지지 않았습니다, 정식 명칭은 SU76I. 독일이 아니라 소련제입니다. 잔뜩 노획한 3호 전차를 재활용한 것이죠. 이름 뒤의 'I'는 외국제를 뜻합니다. 차체는 그대로 두고 상자형 전투실을 설치해 76mm 포를 장착했습니다. 당시 소련의 장갑차량처럼 보이는 구석은 전혀 없는 간소한 디자인이지만, 전투실은 모든 면에 경사장갑이 적용된 점에서 소련의 특색이 보이죠. 1943년 3월부터 11월까지 201대가 생산(개조?)되다니 대단하네요. 즉 소련은 생산 수보다 많은 가동 상태의 3호 전차를 노획했다는 뜻입니다. 일본에는 오랫동안 독일의 정보밖에 들어오지 않아서 우리 일반 독자들은 독일군이 노획한 소련 전차에 대한 이야기만을 접했습니다만, 실제로는 반대의 경우도 많았습니다. 역시 전쟁사는 양쪽 말을 전부 들어 봐야 합니다.

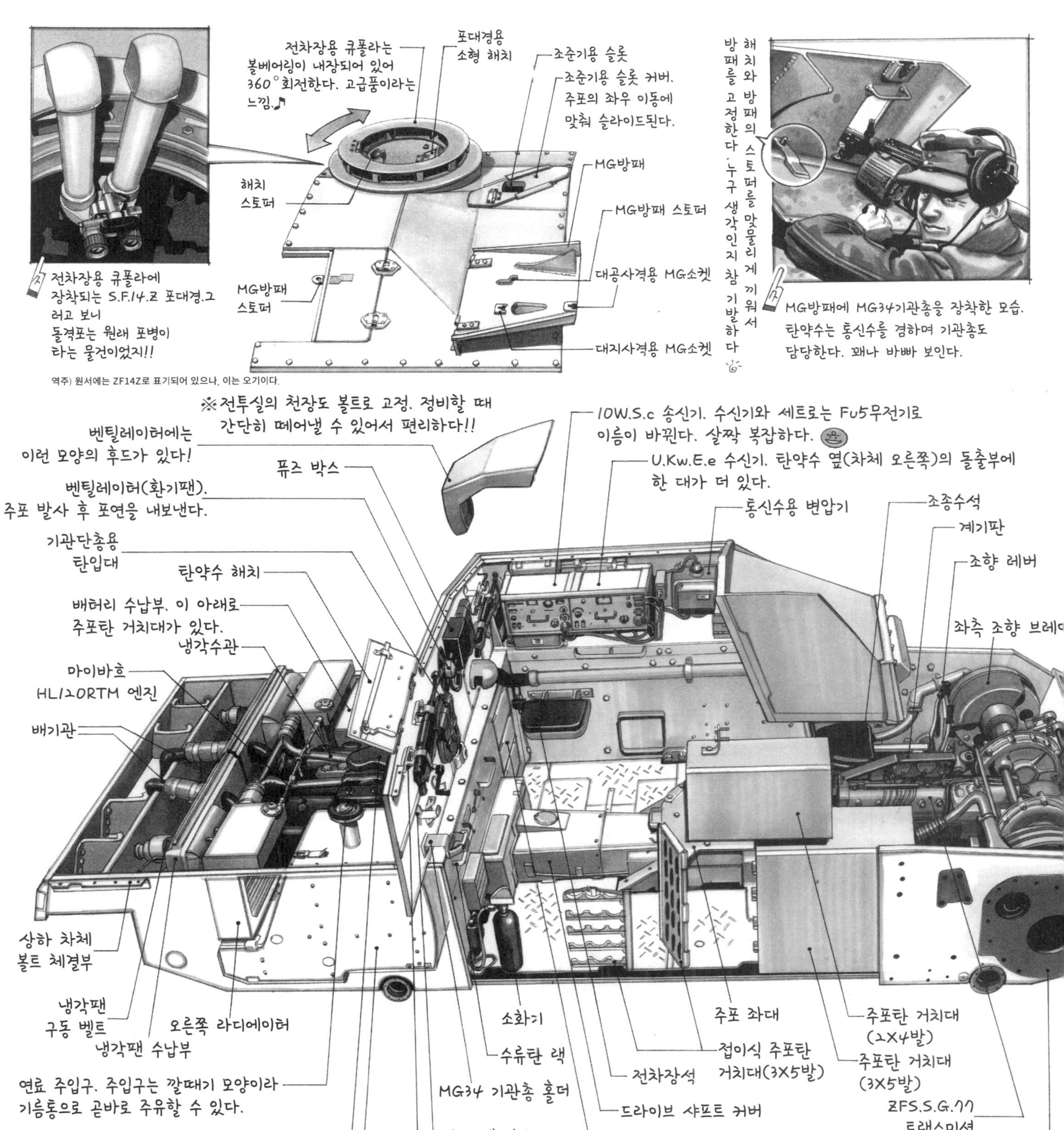

◀◀이쪽은 좀 더 옆쪽에서 본 모습입니다(일러스트는 13p 참조). 생산형에서는 포방패 앞에 방탄판이 추가됐습니다. 형태도 설치 장소도 문자 그대로 '실드(방패)'라는 점이 재미있네요. 또한 전투실 측면에는 관측창이, 그 아래에는 권총 포트(의 슬라이드식 셔터)가 보입니다. 영국의 모 저술가는 이 SU76I를 '(독일)돌격포의 조잡한 복제품'이라 혹평했습니다만, 필자 같은 일반인이 반박하는 것은 실례일지도 모르겠지만, 이는 편견에 치우친 평가이며 상당히 안정감 있는 조형이라 생각합니다. 거기다 당시 영국의 장갑차량을 생각하면…… 아니아니, 이런 말을 하는 게 더 실례네.(웃음)

▶일러스트의 해설은 10페이지 참조

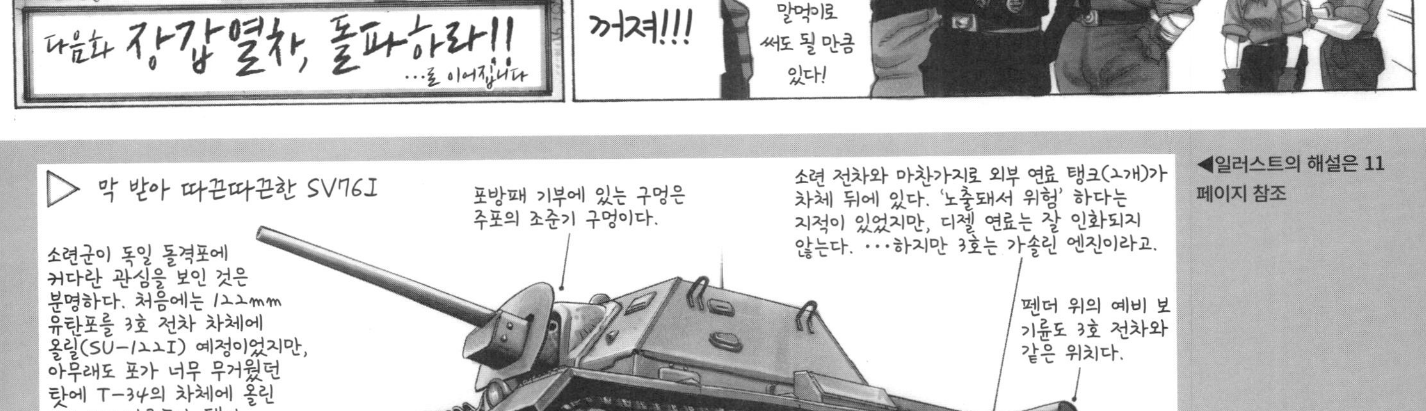

▷ 막 받아 따끈따끈한 SU76I

소련군이 독일 돌격포에 커다란 관심을 보인 것은 분명하다. 처음에는 122mm 유탄포를 3호 전차 차체에 올릴(SU-122I) 예정이었지만, 아무래도 포가 너무 무거웠던 탓에 T-34의 차체에 올린 SU-122자주포가 됐다.

포방패 기부에 있는 구멍은 주포의 조준기 구멍이다.

소련 전차와 마찬가지로 외부 연료 탱크(2개)가 차체 뒤에 있다. '노출돼서 위험' 하다는 지적이 있었지만, 디젤 연료는 잘 인화되지 않는다. ···하지만 3호는 가솔린 엔진이라고.

펜더 위의 예비 보기륜도 3호 전차와 같은 위치다.

◀일러스트의 해설은 11 페이지 참조

역주) 클라프(klappe)는 개폐식 장갑 커버와 방탄 유리가 달린 관측창을 말한다.

이 코너에서 소개하는 캐릭터들의 정체를 알고 싶은 독자는 환동사에서 발매된 〈요시하라 마사히로 작품집 1 요격공역〉에 수록된 《탈출전역》을 읽어 주세요.

독일군에서 가장 생산수가 많은 4호 전차는 대전 초기부터 말기에 이르기까지 최전선에서 운용됐다. 여기서는 대전 후반기 주력 타입인 장포신 7·5㎝ 포와 쉬르첸을 장비한 H형을 중심으로 해설하겠다.

●39페이지에 게재한 4.5호 전차. 해외에도 저자처럼 특이한 것을 좋아하는 사람이 있는지 이 책의 초판이 발간된 이후 프라모델화되기도 했습니다. 해당 키트의 해석에서는 포탑 뒷부분의 공구함이 없고, 그 부분을 방어하는 반원형 쉬르첸도 없습니다. 지금까지 공개된 사진은 모두 왼쪽 앞 방향에서 찍은 것들뿐이라 차체와 포탑 모두 후방과 우측이 어떻게 생겼는지 결정적 증거는 없는 모양입니다. 또한 탑재한 4호 전차의 포탑에 대해서도 H형 외에 G형이다 또는 F-2형이다 등 여러 설이 있습니다. 조준기 구멍의 비 가림막 같은 부품은 간단히 전용할 수 있기에 장포신형 포탑이라면

어떤 타입이든 탑재했을 가능성이 있습니다.
2차 대전의 독일군 병기에 대해 말하자면, 4.5호 전차같은 이상한(?) 차량보다는 제트전투기를 포함해 공군의 각종 페이퍼 플랜 기체들이나 해군어 서 추진했으나 결국 건조가 무산된 그라프 체펠린 쪽이 사람들의 관심이 훨씬 높을 겁니다. 하지만 페이퍼 플랜은 어디까지나 도면으로만 존재하며, 아마추어가 보더라도 제대로 날 것 같지 않죠. 항공모함 역시 탑재기의 이착함은 물론이고 자력 항행조차도 한 적이 없습니다. 모형으로 치자면 가조립만 마친 배입니다. 반면 4.5호 전차는 —과연 쓸 만했는지와는 별개로—실제로 만

들어졌고 가동했던 차량입니다. 조금 과장하자면 훌륭한 '역사'이며, 아무도 모르게 뒤안길로 사라졌다는 데 묘미가 있습니다.
역사의 '만약'이라는 것은 술자리의 잡담 정도라면 괜찮지만, 솔직히 말하자면 '입으로야 뭐든 떠들 수 있다'에 불과합니다. 가상 시나리오에 지나치게 몰입하면 역사를 가능한 한 객관적으로 바라보고 거기서 교훈을 얻는다는 중요한 사실을 잊게 되죠. 그래서 저자에게는 산더미 같은 제트 전투기의 페이퍼 플렌이나 3D 복원 모델보다는 역사의 저편으로 사라진 4.5호 전차가 훨씬 흥미를 끄는 존재입니다.

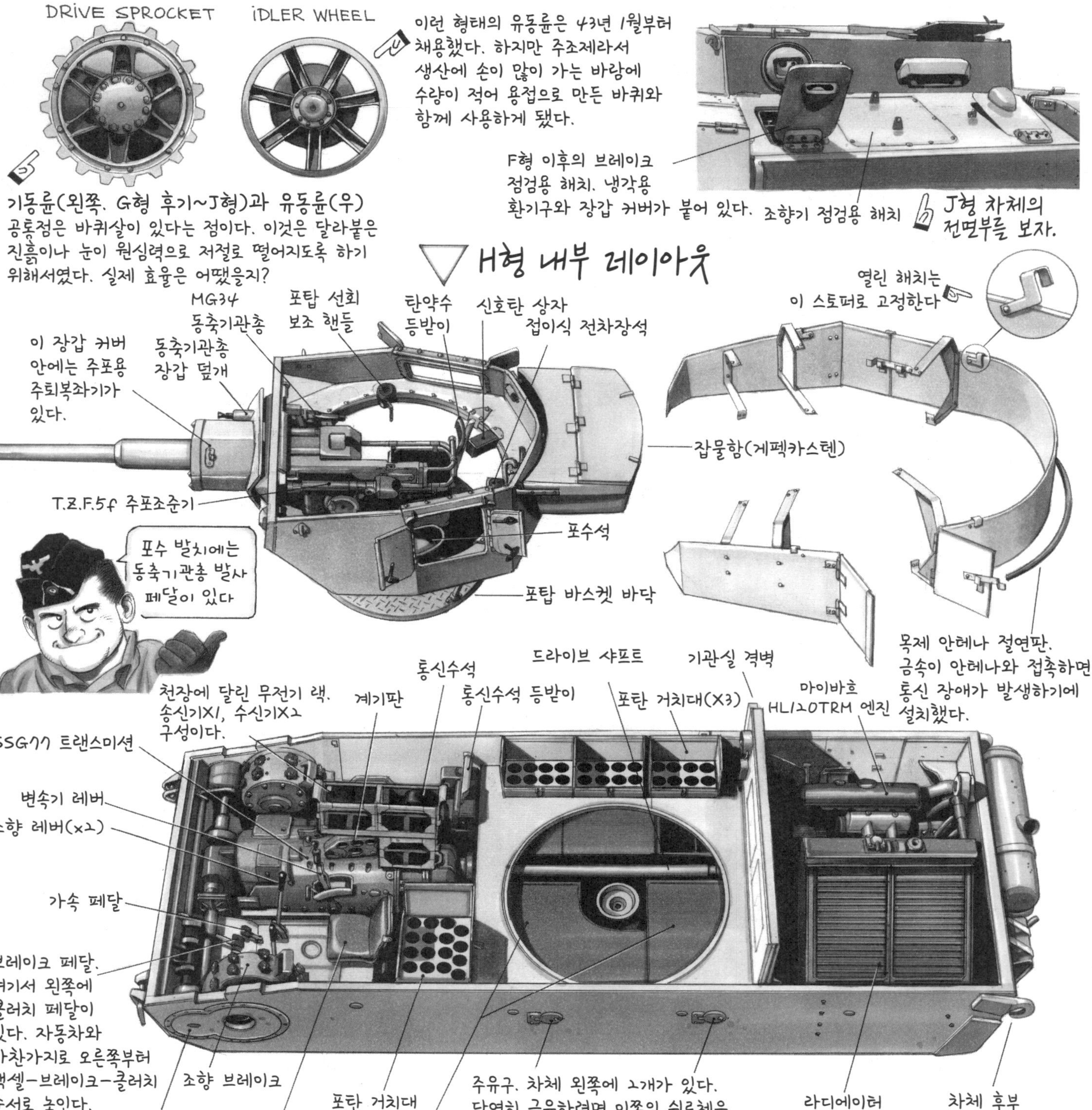

◀3,4호 전차?

39페이지에 소개한 4.5호 전차를 현대식으로 불러 보자면 하이브리드 전차일 것입니다. 상당히 멋진 느낌이네요. 사실 3호 전차에도 4호의 포탑을 탑재한 개조 차량이 있습니다. 바로 3호 지휘전차 K형입니다. 자세히 알고 싶은 분은 〈아흐퉁 판처 제2집 3호 전차편〉(대일본회화)을 읽으면 좋습니다. 일러스트처럼 50mm 주포는 좌측으로 치우쳐 있고, 오른쪽에는 관측창이 있습니다. 이런 최신형 지휘전차에 타는 사람은 연대장급의 높으신 분들이어서 큐폴라에서 머리를 내밀고 있다 다치기라도 하면 큰일이죠. 거기다 대포와 증설된 무전기 등 이것저것 집어넣어야 했습니다. 그래서 사이즈가 더 큰 4호의 포탑을 사용하게 됐습니다. 하지만 포탑링의 직경도 다르고, 4호의 포탑에는 바스켓이 붙어 있습니다. 상기의 자료에서 보면 제대로 선회가 가능했다고 하니 개조에 상당한 수고와 시간을 투자했을 것입니다. 독일의 전차는 이런 경우가 많습니다.

차체 전면에 볼트 고정 증가장갑이 있는 G형 후기형은 제3기갑사단 제6기갑연대 소속이다. 4호 전차라고 하면 저작는 이런 풍경이 머리에 떠오른다. 여기서는 주포를 청소하는 장면을 추가로 넣어 보았다.

구멍이 있는 형식의 쉬르첸은 초기형이다. 두께가 5mm에 불과해 금방 쭈그러진다. 참고로 맨 앞의 판은 다음 판과 펜더에 볼트로 고정되어 있다.

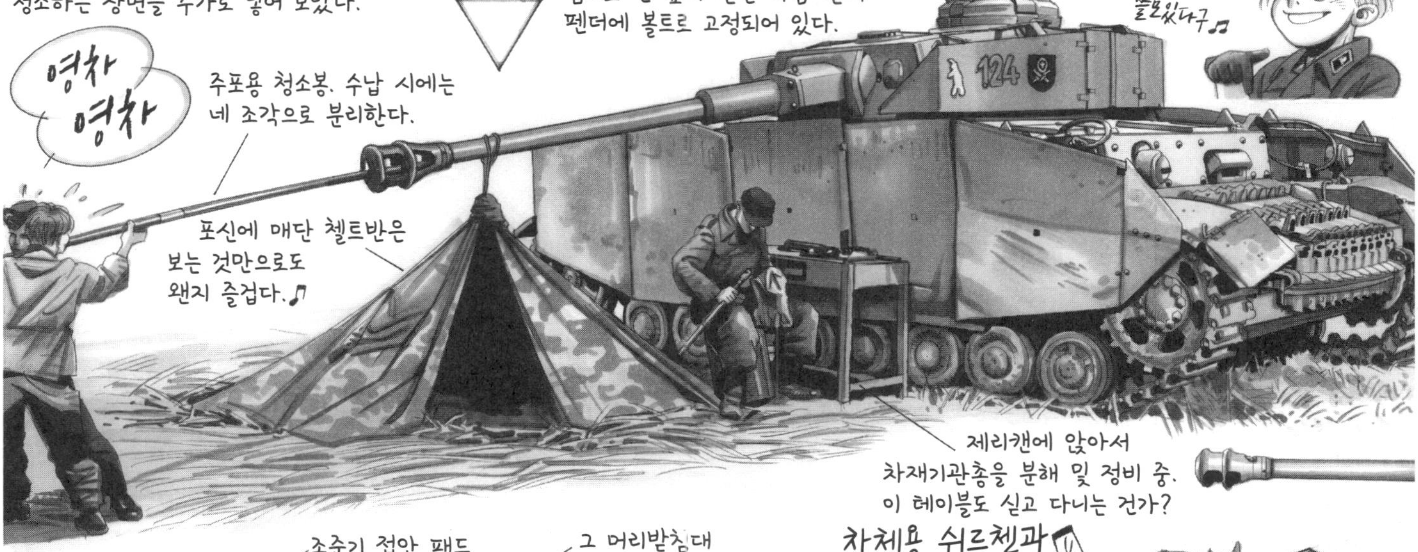

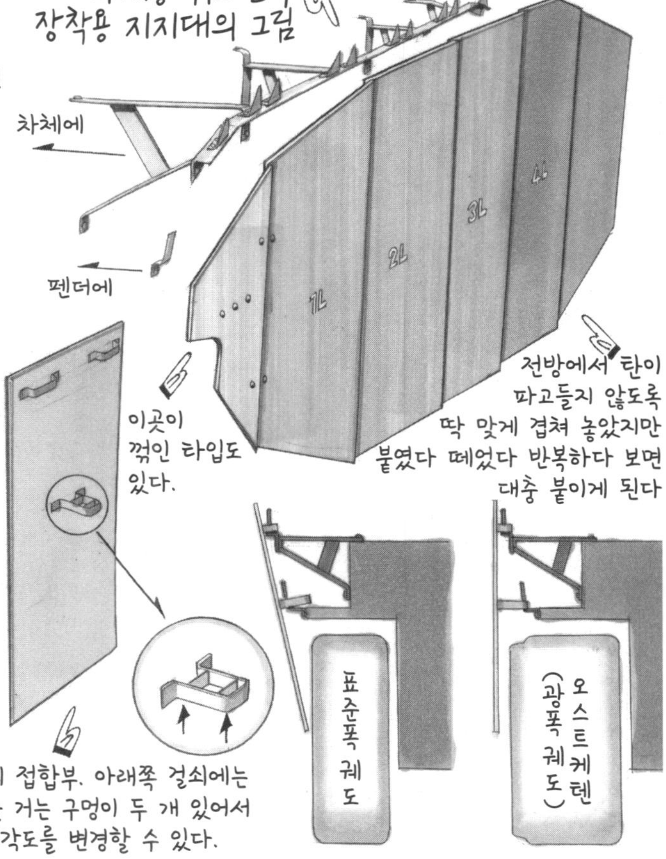

주포용 청소봉. 수납 시에는 네 조각으로 분리한다.

포신에 매단 첼트반은 보는 것만으로도 왠지 즐겁다.♪

제리캔에 앉아서 차재기관총을 분해 및 정비 중. 이 테이블도 싣고 다니는 건가?

조준기 접안 패드 · 그 머리받침대

최신 4호 전차 사진집의 통신수석 장면이지만, 포탑 바스켓이 보이지 않는 것으로 보아 3호 지휘전차 E/H형 같다. 어느쪽이든 좁고 답답한 건 마찬가지다. 위에 보이는 것은 14페이지에서 소개한 MG34 기관총 마운트. 지휘전차의 유일한 고정 무장이다.

지휘관용 지도판

지휘관석

MG34용 탄입대

MP40 기관단총

차체용 쉬르첸과 장착용 지지대의 그림

차체에

펜더에

이곳이 꺾인 타입도 있다.

전방에서 탄이 파고들지 않도록 딱 맞게 겹쳐 놓았지만 붙였다 떼었다 반복하다 보면 대충 붙이게 된다

쉬르첸 뒷면의 접합부. 아래쪽 걸쇠에는 펜더의 후크를 거는 구멍이 두 개 있어서 쉬르첸 장착 각도를 변경할 수 있다.

표준폭 궤도

오스트케텐 (광폭 궤도)

▷3호 지휘전차 K형. 1943년 러시아
Panzerbefehlswagen III Ausf. K. Russia, 1943

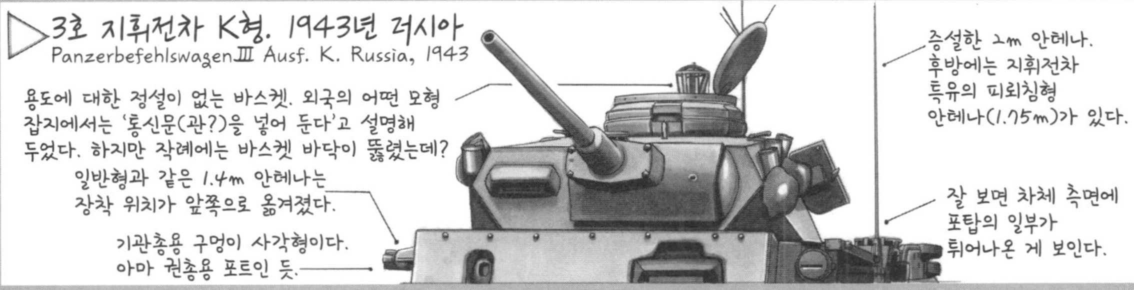

용도에 대한 정설이 없는 바스켓. 외국의 어떤 모형 잡지에서는 '통신문(관?)을 넣어 둔다'고 설명해 두었다. 하지만 작례에는 바스켓 바닥이 뚫렸는데?

일반형과 같은 1.4m 안테나는 장착 위치가 앞쪽으로 옮겨졌다.

기관총용 구멍이 사각형이다. 아마 권총용 포트인 듯.

증설한 2m 안테나. 후방에는 지휘전차 특유의 피뢰침형 안테나(1.75m)가 있다.

잘 보면 차체 측면에 포탑의 일부가 튀어나온 게 보인다.

4호 전차와 함께 대전 전반기 독일군의 주력전차로 활약한 3호 전차. 동서 전선에서 북아프리카까지 다양한 전장에서 사용된 3호 전차는 도색 배리에이션도 풍부하다. 여기서는 그 일부를 소개하겠다.

Pz.Kpfw. III Ausf. F Pz.Rgt. 7 10. Panzerdivision
May 1940 Belgium

■3호 전차 F형   제10기갑사단 제7기갑연대/벨기에/1940년 5월

제10기갑사단은 1940년 5월의 프랑스전에서는 구데리안 장군이 지휘하는 제19기갑사단에 배속돼 아르덴 숲을 돌파해 룩셈부르크에서 벨기에로 침공했다. 제7기갑연대의 전차는 사단의 다른 연대인 제8기갑연대와 함께 포탑에 커다란 중대번호만이 쓰여 있다. 포탑 크라페(관측창) 아래의 바이슨(들소)은 연대 마크. 포탑 후면에도 큐폴라의 돌출면 아래에 연대 마크, 좌측면에 중대 번호가 있다. 전투실 측면의 발켄크로이츠(막대십자)의 앞에는 전차번호 3자리, 뒤에는 사단 마크가 보인다. 사단 마크는 전면의 조종수 바이저의 좌측면에도 그려져 있다. 차체 후면은 크랭크 삽입구 커버에 백색 발켄크로이츠, 좌측면에 사단 마크, 우측면에는 차량번호가 그려져 있다.

Pz.Kpfw. III Ausf. J Pz.Rgt. 15 11. Panzerdivision
Sep.1941 Russia

■3호 전차 J형   제11기갑사단 제15기갑연대/러시아/1941년 9월

제11기갑사단은 1940년 10월에 새로 편성되어 1941년의 바르바로사 작전에서는 남부집단군 클라이스트 장군의 제1기갑집단 제48전차군단에 소속돼 우크라이나에서 싸웠으며 키예프(현 우크라이나 키이우) 포위전 등에서 활약했다. 제15기갑연대의 전차는 포탑에 소대번호와 소대 내의 차량번호 2자리 숫자가 적혀 있다. 차량번호 앞자리의 1은 중대 장차를 뜻한다. 포탑 우측면 크라페 아래에 있는 평행사변형은 제1중대 마크다. 포탑 후면의 케펙카스텐(수납 상자)에는 같은 번호와 흰색으로 클라이스트 기갑집단을 뜻하는 'K' 문자가 그려져 있다. 사단의 전술 마크는 전투실 전면 중앙에 그려진 세로줄이 있는 원이지만, 측면의 발켄크로이츠 전방에는 사단의 심볼인 칼을 든 유령이 스텐실로 그려져 있다. 유령사단이라는 사단 별칭은 이 마크에서 유래한다.

1941년 가을에 시작된 모스크바 공방전 중 '타이푼(태풍)' 작전 시기의 제5기갑사단 제31기갑연대의 J형. 1941년 동부전선에서는 보기 드문 황갈색으로 도색되었다. 애초에 이 사단의 차량은 증원으로 북아프리카의 롬멜 장군에게 보낼 예정이었기에 아프리카 사양의 뷔스텐겔프·(RAL8002)로 도색되어 있다. 포탑 측면의 붉은 악마의 얼굴은 제31기갑연대의 심볼 마크로 발칸 전투 무렵부터 쓰였다. 사단 전술 마크는 흑색 사각형에 황색 엑스자가 들어 있는 모양이다. 전투실 측면 조종수 바이저 옆에도 사단 마크가 그려져 있다.

역주)WüstenGelb. 모래색+갈색

Pz.Kpfw. III Ausf. J Pz.Rgt. 31 5. Panzerdivision
Autumn 1941 Russia

■3호 전차 J형　제5기갑사단 제31기갑연대/러시아/1941년 가을

1942년에 독립중전차대대가 새로이 편성될 때에는 티거 중전차가 부족해 지원용으로 3호 전차가 배치됐다. 처음 배치된 3호 전차는 60구경장 5cm포 탑재형(L, M형)이었고, 곧이어 24구경장 7.5cm포 탑재 N형이 배치됐다. 이 차량은 1942년에서 43년 사이의 겨울에 레닌그라드 근교에서 격파된 제502 중전차대대의 3호 전차 N형이다. 1943년 2월 초 시점에서 대대는 9대의 3호 전차 N형을 보유하고 있었다. 판처그레이(암회색) 바탕에 얼룩덜룩하게 동계위장색을 덧칠했다. 전투실 전면에는 제502대대의 심볼마크인 마무트(맘모스)를 그려 놓았다. 케펜카스텐에도 커다란 마무트가 그려져 있다.

Pz.Kpfw. III Ausf. N sPz.Abt.502.
Winter 1942/43 Russia

■3호 전차 N형　502중기갑연대/러시아/1942-43년 겨울

Pz.Kpfw. III Ausf. M Pz.Rgt. 3 2. Panzerdivision
Aug.1943 North of Orel

■3호 전차 M형　제2기갑사단 제3기갑 연대/오룔 북부/　　　　1943년 8월

1943년 7월 동부전선에서 독일군 최후의 공세인 '치타델레(성채)' 작전에 투입된 제2기갑사단 제3기갑연대의 3호 전차 M형. 다크 옐로우에 올리브 그린의 위장색으로 도색했다. 포탑의 쉬르첸에 그려진 쌍두독수리 마크는 오스트리아 빈의 도시 문장으로 빈에서 편성된 제3기갑연대의 마크이다. 제3기갑연대의 4호 전차에는 문장과 함께 포탑 쉬르첸 후면에 세 자리 숫자의 포탑번호가 적혀 있지만, III호 전차에는 발켄크로이츠만이 그려져 있고 포탑번호는 보이지 않는다. 전투실 전면의 삼지창 마크는 제2기갑사단의 전술 마크. 사단 마크 아래의 평행사변형 마크는 1941년의 제3기갑연대 마킹에서 추측해 보면 아마도 색깔로 중대번호를 표시한 마킹이라 생각된다. 제3기갑연대에는 N형도 배치됐지만, 여기서는 쉬르첸이 장착됐다.

19

Pz.Bef.Wg III Ausf. J Unit unknown
Autumn 1944

■3호 지휘전차 J형　소속 부대 불명/1944년 가을

1944년이 되면서 기갑연대의 주력전차는 완전히 4호 전차나 판터로 바뀌어 3호 전차는 2선급 부대에 배치되거나 무전기를 증설해 지휘전차로 사용했다. 그전까지는 더미 주포를 탑재한 전용 차체가 만들어졌지만, 지휘전차라도 무장이 필요하게 되어 통상의 J형을 개량해 무장형 지휘전차가 만들어졌다. 이 무렵의 지휘전차는 기갑연대나 대대만이 아니라 기갑포병연대나 경우에 따라 기갑척탄병연대의 지휘차로도 쓰여서 부대를 특정하기 어렵다. 이 지휘전차는 포탑 쉬르첸의 로마 숫자가 II인 것을 보면 아마도 기갑연대 제2대대 본부차량이라 생각된다.

Lieutenant Panzertroops
Winter 1943

■전차병 중위　1943년 겨울

방한 야케(Jacke: 재킷)를 입은 1943~44년 겨울의 일반적인 전차병의 복장. 약모의 은색 테두리 장식을 보면 장교인 것을 알 수 있다. 방한 야케는 눈이 내렸을 때 뒤집어 입으면 흰색이 되는 리버시블(양면) 사양으로 초기에는 일러스트에서처럼 녹색이었다가 나중에는 스프린터ㆍ위장색으로 바뀌었다. 하지만 코르순-체르카시 포위전에서는 녹색과 스프린터 패턴 둘 다 보인다. 무장SS에서는 독자적인 점박이 무늬의 위장색이 사용됐다.

역주) 조각조각 나뉜 색상의 위장패턴

Lieutenant Panzertroops
North Africa

■아프리카군단 전차병 중위

1941년 북아프리카에 상륙한 독일 전차병은 유럽에서 입던 검은색 모직 판처 재킷이 아니라 올리브그린 면직 열대 전투복을 착용했다. 다른 병과도 같은 옷을 입었지만, 아래 옷깃에 전차병을 나타내는 해골 뱃지를 달았다. 모자도 챙이 달린 열대용 모자가 지급됐다. 오른팔에는 아프리카군단의 암밴드가 보인다.

Pz.Kpfw.V Ausf.D early version Pz.Abt.51 PzRgt.Großdeutschland Kursk salient July 1943

■5호 전차 판터 D형　그로스도이칠란트 기갑연대 제51전차대대 212호차/쿠르스크 전역/1943년 7월

차량번호는 검은색, 포탑 측면에는 표범 엠블럼이 있고 다크 옐로우와 다크 그린을 조합한 뱀무늬 위장색으로 도색했다. 이 차량은 연막탄 발사기가 없으며 차체 측면에 발켄크로이츠도 그리지 않았는데, 제39연대 52대대의 판터는 둘 다 있는 경우가 대부분이다. 포신잠금장치 기부에는 편자·를 부적 삼아 붙여 놓았는데, 독일 전차에서 자주 보이는 모습이다(……다만 원래 편자가 달린 전차는 제52전차대대 434호차였다).

제51 및 52전차대대는 최초로 판터가 배치된 부대로, 이 두 대대를 기간으로 제39기갑연대가 편성됐다. 여기서부터 이야기가 복잡해지는데, 쿠르스크 전투 직전에 제10전차여단을 편성하며 제39기갑연대와 GD기갑연대를 휘하에 두게 되었다. 그런데 제10여단은 실질적으로는 GD사단과 같은 전역에서 활동하게 됐고, GD기갑연대장 입장에서는 10전차여단의 지휘를 받는 동시에 GD사단으로부터도 통제를 받는 불편한 상황이 됐다.

게다가 전투 직전에는 39연대에서 1개 대대(제51대대)가 GD연대로 차출됐다. 아마도 높으신 분들 사이에 알력 다툼이 벌어졌기 때문일 것이다. 그 영향이 있었는지는 알 수 없지만 쿠르스크 전투는 패배로 끝났고, 제10여단장은 GD연대장이 무능했다고 비난했다. 한편 GD연대장은 임시 여단 따위를 급조해 지휘계통에 혼란을 초래했다고 주장했다(막심 코로미에츠 저 〈판터〉에서). 초기형 판터는 고장이 잦아 쿠르스크 전투에서 활약하지 못했다는 것이 정설이지만, 이런 지휘권 다툼이 상황을 더욱 악화시켰을지도 모른다.

역주) 서양에서는 행운을 기원하거나 악운으로부터의 보호를 위한 부적으로 편자를 사용한다. 그리고 이 전차에는 불행을 상징하는 역방향으로 편자를 달아 놓았는데, 이는 액땜의 의미다. 참고로 영국군 전차도 편자를 붙인 사진 자료가 있다.

Pz.Kpfw.V Ausf.G SS.Pz.Rgt.1 Kampfgruppe Peiper Ardennes Dec. 1944

■5호 전차 판터 G형(강철 프레스 보기륜)　파이퍼 전투단 제1SS기갑연대 225호차/아르덴/1944년 12월

차량번호 검은색 또는 적색, 포방패 측면에도 번호 기입, 포신에는 킬 마크가 네 개 있으며 포탑 상부에는 예비 캐터필러 거치용 후크를 장비했다. 차량 도색은 3색 위장색에 명암 위장패턴이다.

오스프리 엘리트 시리즈 11 〈아르덴 1944〉에 따르면 제1SS기갑연대의 판터 중 몇 대(002 및 221호차)는 3색 위장색으로 도색돼 있다고 한다(221호차는 강철 프레스 보기륜 장비). 이들 2대는 독일군이 후퇴하면서 라 그레즈와 스토몽 사이에 유기한 판터 15대 중에 있었다고 한다.

일러스트의 차량은 발데마르 트로카의 〈Panther Variants in color〉 6권에 게재된 사진에 따른 것이다. 사진 설명에는 제1SS기갑연대 소속 차량이라 적혔지만, 포탑 번호가 기묘하게도 들쑥날쑥하며 앞서 말한 판터들과는 글꼴이 다른 점이 신경 쓰인다. 다만 상기한 002호차는 번호를 포탑이 아니라 포방패 측면에 기입하고 있어서 그 부분은 공통점이 있다고 하겠다.

후크의 위치에서 추측하자면 예비 캐터필러는 포탑 측면을 전부 가리게 될 것이다. 포방패에 번호를 적은 것은 그런 이유 때문일지도 모른다.

보기륜 중 하나는 구형인 점이 특이하다. 교환할 부품이 없어서였을까?

Jagtpanther Late version Unit unknown Enemy vehicles assembly location near Ordenburg May 1945

■5호 구축전차 야크트 판터 후기형　소속 부대 불명 59호차/올덴부르크 근교 독일차량집적소/1945년 5월

차량번호 흰색, 3색 얼룩말 패턴 위장색, 바퀴는 다크 그린 도색이다.
바탕색이 다크 그린인 얼룩말 패턴 위장색은 2차대전 말기의 판터나 야크트판터에서 자주 보인다. 자료가 된 사진이 촬영된 날짜는 5월 10일로, 독일이 항복한 직후에 촬영됐다.
이 차량의 소속 부대에 대해서는 일본의 밀리터리 잡지 〈그라운드 파워〉

2004년 3월호 별책 〈야크트 판터〉를 인용하자면 'Panzer-Einsatz-Abteilung 20(제20 임시-또는 급조-전차대대)'라는 부대는 어디 소속인가?' 라고 적혀 있다.

Pz.Kpfw.V Ausf.A Pz.Rgt.31
5.Pz.Div Eastern front Summer 1944

■5호 전차 판터 A형
제5기갑사단 제31기갑연대 135호차/
민스크 부근/1944년 가을~겨울

차량번호 흰색(?), 포탑에는 '붉은 악마'의 연대 마크(각 차체에 그려진 모양은 세부적으로 상당한 차이가 있다), 다크옐로우×레드브라운 도색, 차체에는 치메리트 코팅 처리를 했다.
이 전차의 컬러링은 브루스 컬버 저 〈Panzer Colors〉의 해석을 따랐다.
같은 시기 제31연대의 다른 차량(131호차)은 다크그린을 더해 3색 위장색이라는 자료(〈그라운드 파워〉 1999년 12월호)도 있다.
이 연대마크는 유명하지만 도안이 조잡한 탓에 자료 사진을 보면 소속 차량마다 디테일에 차이가 있는게 재미있다. 참고로 얼굴은 차량의 전방을 향하게 되어 있어서 포탑 좌측의 연대마크는 왼쪽, 우측은 오른쪽을 바라보게 된다.

여담으로, 군사차량 팬이라면 독일 전차만의 독특한 부가 방어 장비인 증가장갑판(쉬르첸)이 몇 장인가 빠져 있는 모습을 여러 번 봤겠지만, 쉬르첸의 탈락이 사고나 손상에 의한 것만이 아니라 승무원이 의도적으로 벗겨내는 경우도 있다는 말을 들어 봤을 것이다.
확실히 판터나 티거처럼 커다란 차량이라면 대체 승무원이 어디에 손이나 발을 디디고 올라가야 하는지 곤란하겠다는 생각을 하게 된다. 확실히 자료사진을 보다 보면 승무원이 판터나 티거 같은 대형 차체의 어디에 손이나 발을 디디고 올라가면 좋을지 모르겠다는 잡생각이 떠오르기도 한다(항공기-주로 군용기-라면 당연하다는 듯 내장형 접이식 사다리가 있다). 그래서 차체 측면에서 차량에 오르기 쉽도록 쉬르첸 한두 장을 떼어

낸 듯하다.
판터의 경우에는 현장에서 만든 것으로 보이는 철제 사다리를 차체 후방에 장착한 차체가 간혹 보이며, 티거에 이르러서는 어디서 찾았는지 공사장에서 쓰일 법한 제대로 된 사다리를 엔진룸 위에 적재한 경우도 있다. 아마도 포탑이나 주포 주위를 나뭇가지나 수풀로 위장을 할 때도 편리하기 때문에 사다리를 적재했을 것이다.
참고로 MAN사(社)의 프로토타입(VK3002) 판터에는 포탑 좌측의 차체에 접이식 사다리가 장착돼 있다.

차량번호는 검은 윤곽선, 프라이머 레드+다크 옐로+다크 그린 조합의 변형(?) 얼룩말 위장 도색 차량이다.

조종수와 무전수용 해치는 바깥쪽으로 열리는 방식에서 슬라이드식으로 변경되었기에, 해치 양옆에 가이드를 설치했다. 대다수의 도면 자료에 따르면 판터 F형은 강철 프레스 보기륜을 장착하고 있지만, 일본 밀리터리 잡지 〈PANZER〉 1999년 9월호의 기사에서는 F형을 생산할 공장에 강철 보기륜의 재고가 없어서 초기 생산 차량은 구형 보기륜을 장착해 완성했을 가능성도 충분히 있다고 보고 일러스트에서도 구형 보기륜으로 표현했다. 주포는 도면처럼 머즐브레이크가 없는 형식이다.

또한 공장에서 직접 전선으로 배치될 것을 상정해 OVM(On Vehicle Materials: 긴급수리용 공구)등은 장비하지 않은 상태로 그렸다.

포탑의 번호는 임의로 적은 것이며, 베를린 공방전에 참가한 제503SS중전차대대 소속 티거II 넘버의 서체를 모방했다.

실제로 공장에서 직접 전선으로 공급된 차량인 제511중전차대대 티거II형의 사진이 있는데, 아무런 마킹도 없었으며 사이드 스커트도 OVM도 없이 철도 수송용 협궤 궤도를 장착하고 있다. 그리고 유기된 차량의 경우 차재공구처럼 실용적인 '선물'은 연합군 병사(또는 현지 주민)들이 가져가는 경우가 많아서 처음부터 장비하지 않았다고는 단언할 수 없다.

Pz.Kpfw.V Ausf.F Unit unknown Defence of Berlin May 1945

■5호 전차 판터 F형　소속 부대 불명 100호차/베를린 공방전/1945년 5월

Pz.Kpfw.V Ausf.G Pz.Brig.106 Feldherrnhalle Bonn Spring 1945

■5호 전차 판터 G형(신형 포방패+난방기+커버 장착 방염 배기관)　제106전차여단 '펠트헤른할레' 741호차/본/1945년 3월

이 일러스트는 앞쪽의 장갑차-Sd.Kfz.250 신형-가 눈에 띈다. 중앙에 역전의 용사라는 느낌의(진짜로 그런지는 모르겠지만) 척탄병 장교는 볼이 홀쭉하니 수척해 보인다. 한편, 장갑차에 탑승한 어린 소년병은 머리가 덥수룩한 것이 전쟁 말기의 분위기를 잘 나타낸 화면의 주역이 됐다.

1944년에 들어서자 차례차례 세 자릿수 번호의 전차여단이 편성되었다. 하지만 그 실태는 각 병과에서 병력을 긁어모아 편성하고 훈련도 부족해 제대로 부대를 운용하기 힘들었다. 그렇기에 전력으로 기대할 수 없었다. 제112전차여단의 경우에는 포병이나 방공대도 배속되지 못했다고 한다. 그런데 '펠트헤른할레'라는 이름을 일본어로 '장군묘(將軍廟)'라고 번역한 사례를 본 적이 있다. '장군이라니 대체 누구야? 중국에는 삼국지의 관우 장군을 모시는 관제묘(關帝廟)가 전국 여기저기에 있긴 하지만'이라고 생각하던 차에, 이번에 자료 조사를 하면서 펠트헤른할레가 30년 전

쟁(1618~1648)에서 가톨릭군 총사령관이었던 요한 체르클라에스 폰 틸리(1559~1632)와 나폴레옹 전쟁 시기의 바이에른 왕국군 사령관 카를 필리프 폰 브레데 원수의 동상이 있는 장소라는 것을 알게 됐다.

힘들 때 신에게 비는 것은 서양도 마찬가지구나, 라고 생각했더니 이야기는 여기서 끝나지 않는다. 실은 나치스의 뮌헨 폭동 당시 장군묘 앞에서 나치스 추종자들이 무장경찰대와 총격전을 벌이다 사상자가 발생했다. 그런 이유로 히틀러가 정권을 잡은 뒤 이 장소를 국가사회주의노동당의 성지로 삼았다는 사연이 있다. 그래서 전황이 불리해진 1944년 이후, 이른바 '필승의 신념'을 고무하기 위해 부대에 '장군묘'의 이름을 붙인 것이다. 그 일례로 제503중전차대대도 44년 말에 '장군묘' 대대로 개칭됐다. 그런데 당시 대대의 장병들은 이 나치 이데올로기 색채가 짙은 이름에 대해 노골적인 거부반응을 보였다. 이기고 있을 때라면 몰라도 지금은 총통

각하가 전쟁에서 패망 직전이었으니 무리도 아니다.

당시의 독일뿐만 아니라 지도자가 전략이나 전술이 아닌 미신 따위에 의지해서는 안 된다는 역사의 교훈을 잊어서는 안된다. 그리고 그것을 가장 실감하는 사람이라면 전선에서 지는 싸움을 하고 있는 장병들일 것이다.

역주)펠트헤른할레(Feldherrnhalle: 직역하면 '야전 원수의 전당')는 1841년 바이에른 국왕 루트비히 1세가 바이에른의 영웅들을 위해 세운 기념관으로 국내에서는 '용장기념관'이라 불린다.

차량번호는 흰색과 녹색, 붉은색이며 차량 도색은 다크 옐로×다크 그린이다.
전술한 막심 코로미에츠의 〈판터〉에는 R04호차의 사진이 두 점 있는데, 각각 넘버의 서체가 다르며 일러스트는 최초(?)의 차체이다. 또 한 대는 피탄해 유기된 것을 소련 측이 촬영한 것으로 차량번호가 백록이 아니며 그려진 방식도 상당히 조잡하다. 저자는 최초의 차체를 손실한 후 신차가 보충된 것으로 추정하고 있다. 결과적으로 두 대를 나란히 상실한 듯하다.
제39기갑연대(제52전차대대)의 판터는 보통 포탑 측면에 표범 머리 모양의 부대마크를 그리지만, 이 차체에는 없다.

Pz.Kpfw.V Ausf.D Regimental HQ company Pz.Rgt.39 Kursk salient July 1943
■5호 전차 판터 D형(지휘형은 아닌 듯)　제39기갑연대본부 R04호차/쿠르스크 전역/1943년 7월

마킹이 없고 다크 옐로우 바탕에 동계위장색을 칠했다.
베케 연대가 보유한 판터 47대는 제16기갑사단에서 차출했다고 한다(〈판처〉지 1993년 8월호). 보통 동계위장색의 차체에는 마킹이 일절 보이지 않는 경우가 많으며 차체 측면 부분의 발켄크로이츠까지 덧칠에 가려진 듯하다. 일러스트의 차체에서도 발켄크로이츠 이외의 마킹은 포탑번호를 포함해 아무것도 기입돼 있지 않다*.
이 일러스트에서 참고한 앞쪽의 두 사람을 보면 우측의 설교(?)를 하는 고위 장교는 따뜻해 보이는 고급 사제 모피코트를 입고 있는 것과 대조적으로 맞은편의 전차장은 보급품 방한복을, 그것도 원래는 흰색이었지만 더럽혀져 거무튀튀해진 것을 입고 있다. 거기다 옷깃에는 얼어붙은 눈이! 반성을 하고 있는지, 아니면 속으로는 '그렇게 잘난 듯이 떠드는데 네가 전선에 나가든가'라고 불만을 담고 있을지 어느 쪽으로든 해석할 수 있는 미묘한 표정이 재미있다.

역주) 동계위장색은 위장색 바탕에 흰색 수성페인트를 덧칠해 마킹이 가려진다. 그리고 겨울이 지나면 수성페인트를 씻어내 원래 위장색으로 되돌린다.

Pz.Kpfw.V Ausf.A
early version Pz.Rgt.11
Easten front Winter 1943-44
■5호 전차 판터 D개수형(또는 A초기형)　배케 중기갑연대 제11기갑연대/체르카시 포위전/1944년 1~2월

차량번호 백녹흑, 다크 옐로우×다크 그린 도색, 치메리트 코팅 처리.
에릭 르페브르 저 〈Panzers in Normandy〉에 따르면 바르크만의 424호차는 7월 28일에 쿠탕스와 생 로 사이의 간선도로 교차로 부근에 진을 치고 진격해 오는 미군을 단신으로 요격해 적어도 전차 9대와 차량 몇 대를 격파했다. 한편 판터 424호차도 항공폭격까지 가세한 반격에 상당한 피해(직격탄과 다수의 지근탄에 한쪽 캐터필러가 손상, 차체의 용접 부위 중 1곳 균열, 조종수 부상 등등)를 입었지만, 어떻게든 전장을 이탈했다고 한다.
컬러링은 〈ARMES MILITARIA MAGAZINE 53: CONPAGNE DE NORMANDIE (2) LES BLINDES ALLEMANDS〉에 게재된 제2SS기갑연대 소속 판터(331호차)의 일러스트를 따랐다.
일러스트를 그릴 때는 격파된 판터의 사진을 참고-보기륜의 주위에 있는 둥근 고리는 고무제 림이다-했지만, 기세를 타서 너무 부서진 모습으로 그렸다. 이래서는 전진도 후진도 할 수 없잖아?!

Pz.Kpfw.V Ausf.A SS.Pz.Rgt.2 Das Reich #424 Normandy July 27 1944
■5호 전차 판터 A형　제2SS기갑연대 '다스 라이히' 424호차(에른스트 바르크만 차량)/노르망디 전역/1944년 7월 28일

차량번호 백녹흑, 다크 옐로우×다크 그린 도색, 차체에 치메리트 코팅 처리. 전투실 후방 좌측으로 공구상자를 이동시켰거나 차체 양측면의 공구상자를 전부 해체했음(특정 부위에 치메리트 코팅이 없는 것으로 흔적을 알 수 있다), 공구류는 엔진실 상부 주변에 설치하게 됐다. 이 특징은 제654대대의 야크트 판터에서 흔히 보이는 특징으로, 부대에서 현지 개수한 듯하다. 〈독일 군용차량 전장 사진집〉(대일본회화)에 게재된 사진에서 노르망디 전투 후반의 팔레즈 포위전에서 탈출해 센(Seine)강을 도하하려 후퇴하는 장면으로, 일러스트의 차량은 동료 차량(302호차)에게 견인되는 중이다. 302호차의 승무원이 교대로 우산을 쓰고 있는 모습이 유명한데 332호차 승무원들은 비를 맞고(맞히고?) 있지만, 그림에서는 재미를 위해 이쪽도 우산을 씌워 보았다.

Jagtpanther Early version s.Pz.Jg.Abt.654 Bourgtheroulde Aug. 1944

■5호 구축전차 야크트 판터 초기형　제654(중)전차구축대대 332호차/부르세룰드/1944년 8월

Pz.Kpfw.V Ausf.G Unit unknown Poland Autumn 1944

■5호 전차 판터 G형　소속 부대 불명/폴란드/1944년 가을

모 잡지에 여기에 게재된 판터 일러스트 시리즈를 그렸을 때, 편집부에서 "아무래도 전투씬이 없으니 박력이 없네요. 한 장 더 '콰쾅!' 하는 역동적인 것으로 부탁드립니다." 라고 해서 추가로 그린 일러스트가 이것이다. 배경도 인물도 없이 단순히 '한 발 쾅!'이라는 심플한 내용이다. 하지만 대충 그리지는 않았다(진짭니다).
이 차체의 도장은 마찬가지로 3색 위장색이다. 특이하게도 색분할 라인이 전부 직선이며, 이런 패턴을 영어 자료에서는 '스프린터 패턴'이라 부르기도 한다. 같은 스타일로 도색한 차량이 무장SS 소속 보병과 합동 훈련을 하는 사진이 남아 있는데, 사진 속의 차량이 무장SS, 그중에서도 당시 폴란드에 주둔하고 있던 '토텐코프'시단(제3SS기갑사단) 소속이라고 추측하는 사람도 있고, '비킹'사단(제5SS기갑사단)이라는 설도 있지만, 둘 중 어디 소속인지는 명확하지 않다.
'토텐코프'는 두개골이라는 뜻으로, 일본에서는 제3SS사단을 옛날에는 '해골'사단이라고 번역했다. 이름 차체도 불길하지만, 부대 구성원의 주축이 강제수용소 경비교도대 출신이어서 더욱 불쾌하다. 차체의 컬러링은 재미있지만, 해골사단과 관련됐다니 좋아할 수 없다는 이유로 이 판터는 소속 불명으로 처리했다.

Pz.Kpfw.V Ausf.A (Early model) Pz.Rgt.11. Winter 1943-44

■판터 A 초기형   제11기갑연대/1943~1944년 겨울

베케 연대의 판터는 전체에 동계위장이 실시돼 마킹이 일절 보이지 않는 차량이 많다. 통상 차체 측면 앞쪽 끝부분에 보이는 발켄크로이츠도 덧칠에 가려졌다. 이 차량은 예외적으로 포탑번호가 보인다. Ⅱ01은 제2대대본부의 지휘전차라는 뜻이다. 아마도 지휘전차를 식별하기 쉽도록 제11전차연대의 마킹을 그대로 남긴 것으로 보인다.

Pz.Kpfw.Tiger Ausf.E (Mid-model) s.Pz.Abt.506. Winter 1943-44

■티거1 중기형   제506중전차대대/1943~44년 겨울

제506중전차대대의 마킹은 대대본부는 흑, 제1중대는 백(동계위장시에는 흑녹의 윤곽 문자), 제2중대는 적, 제3중대는 황색(동계위장시에는 흑녹색이 추가)이다. 포탑 측면의 중대 내 일련번호(1~14), 공구상자 후면의 대대마크의 W 부분도 중대 컬러를 따랐다.

Pz.Kpfw.Tiger Ausf.E (Mid-model) s.Pz.Abt.503.
Winter 1943-44

■티거1 중기형　제503중전차대대/1943~1944년 겨울

체르카시 포위전 당시의 제503중전차대대 소속 티거는 더스트빈(쓰레기통)형의 큐폴라를 가진 초기생산형과 션형 큐폴라를 장비하고 치메리트 코팅이 된 신형 차량(중기형)이 혼재했다. 제503대대의 포탑번호는 흑색 바탕에 백색 윤곽선이 있지만, 동계위장색이 칠해지면서 윤곽 부분이 보이지 않게 돼 흑색 숫자가 됐다. 발켄크로이츠는 일단 남아 있지만, 난잡하게 위장색이 칠해져서 흐릿하게 보이는 차량이 많다.

Pz.Kpfw.V Ausf.A (Early model)
Winter 1943-44

■판터 A 초기형　1943~1944년 겨울

이 판터는 포탑번호는 커녕 발켄크로이츠를 포함해 마킹이 일절 보이지 않는다. 체르카시 포위전에 투입된 판터는 신형 큐폴라를 장비한 A 초기형이 확인된다. 1943년 11월경부터 생산이 개시된 볼마운트식 차재기관총을 장비한 차량은 확인되지 않는다. 치메리트 코팅은 바둑판 무늬 형상으로 적용된 차량과 전혀 적용되지 않은 차량 두 가지 다 보인다.

6호 전차 B형 티거2

Pz.Kpfw. VI Ausf.B (Porsche turret) s.Pz.Abt.503 July 1944 Normandy

■6호 전차 B형 티거2　제503중전차대대/노르망디/1944년 7월

1944년 여름 노르망디 전선에 투입된 3개의 중전차대대(제101SS, 제102SS, 국방군 제503대대) 중 유일하게 티거2를 장비한 부대가 제503중전차대 제1중대였다. 제503대대는 7월 초에 캉을 둘러싼 영국군과의 전투에 투입됐다. 제1중대에 배치된 티거2는 전부 포르세 포탑을 탑재한 타입으로 구름띠 형상의 3색 위장색으로 도색했다. 일러스트는 7월에 전투 중 전차를 손실한 제3중대에 지급된 티거2로, 노르망디 지방의 환경에 맞춰 녹색과 갈색 비율이 많은 3색 위장색이 적용됐다. 포탑번호는 제1중대의 경우 포탑 앞쪽에 적지만 제3중대는 뒤쪽에 그렸다. 제3중대는 8월에 다시 전선으로 향했지만, 연합군 공군의 폭격으로 결국 노르망디에 도착하지 못했다.

제502SS중전차대대는 1944년 9월 본국에서 재편성에 착수했다. 하지만 티거2의 보급이 대폭 지연되어 해를 넘겨 45년 3월 중순이 되어서야 겨우 동부전선 중부집단군에 배속됐다. 거기다 배속 당시에도 정수(45대)를 채우지 못하고 31대만을 장비했다. 일러스트의 차량은 무전기를 증설한 지휘전차형 Sd.Kfz.267로, 통상형 전차에도 사용되는 2m 안테나를 엔진실 후방에서 탄약수 해치 후방으로 이설하고, 원래 위치에는 1.4m의 피뢰침형 안테나(슈테른 안테나)를 추가 장비했다. 또한 후방 엔진실 데크 뒤쪽 끝에 보이는 원통은 안테나 연장용 로드의 수납 케이스다. 그리고 티거2 지휘전차형에는 추가로

Sd.Kfz.268이라는 다른 타입이 있다. 이 둘은 탑재한 무전기가 달라서 267은 상급 사령부나 다른 차량과의 장거리 통신을, 268은 공군기와의 교신을 맡았다(하지만 당시 전황을 생각하면 후자의 쓸모는 거의 없지 않았나?). 이 '빛과 어둠' 위장색은 영어 자료에서는 '매복(ambush)' 위장색이라 통칭하고 있다. 열세에 처한 독일 전차부대의 입장을 생각하면 의외로 실정을 반영한 명명이라 하겠다.

Pznzerbefehlswagen VI Ausf.B (production turret) Stab./ s.SS-Pz. Abt.502 Germany March 1945

■6호 전차 B형 티거2 지휘전차형　제502SS중전차대대본부 555호차/작센도르프/1945년 3월 상순

Pz.Kpfw. VI Ausf.B (Porsche turret) s.Pz.Abt.506
Sep.1944 Arnhem

■6호 전차 B형 티거2　　제506중전차대대/아른험/1944년 9월

동부전선에서 장비한 전차의 거의 대부분을 손실한 제506중전차대대는 1944년 8월 이후 본국에서 재편성 중이었지만 연합군의 '마켓가든' 작전에 대응해 네덜란드로 파견됐다. 그중 1개 중대는 제9SS기갑사단에 배속돼 아른험에 강하한 영국군 제1공수사단과의 전투에 참가, 1대가 PIAT(피아트: 바주카나 판처파우스트에 해당하는 영국군의 대전차화기*)에 격파당했다. 동 대대의 티거2는 포르셰와 헨셸 포탑 탑재형 둘 다 존재했다고 한다. 또한 철도 화물칸에 적재된 시점에는 포탑 좌우의 발켄크로이츠 이

외의 마킹은 기입되지 않았다. 그리고 대대의 다른 2개 중대는 제10SS기갑사단 기간부대인 크나우스트 전투단에 배속돼 북상하는 영국군 기갑부대를 저지하는 데 투입됐다. 일련의 전투에서 대대가 손실한 티거2는 정수 45대 중 8대였다.

역주) 영국군이 사용한 PIAT는 다른 국가의 비슷한 장비와는 달리 대전차로켓이 아닌 박격포 기반의 무기다.

Pz.Kpfw. VI Ausf.B (Porsche turret) s.Pz.Abt.506
Sep.1944 Arnhem

■6호 전차 B형 티거2　　제506중전차대대/아른험/1944년 9월

이 일러스트는 위의 일러스트와 동일한 차량을 그린 것이다(실은 게재된 잡지가 다릅니다).

다만 그린 것은 이쪽이 먼저였다. 그런데 이번에 편집부에서 준 자료를 통해 처음으로 알게 된 것인데 이 '포르셰 포탑', 사실은 포르셰사의 설계가 아니라고 한다. 실제로 포탑을 설계한 것은 크루프(Krupp)사로, 이것이 포르셰사의 시제 차량에 사용됐는데 그런 사정을 모르는 관계자가 포탑과 차체도 전부 포르셰 디자인이라 생각한 모양이다.

포탑 전면이 곡면이어서 포탑 하부에 포탄이 명중하면 아래쪽으로 도탄해 차제 상면의 장갑이 얇은 부분을 관통해 버렸그-이른바 샷 트랩(Shot Trap) 현상-그래서 퇴짜를 맞았다. 라는 것은 필자도 아는 유명한 이야기. 하지만 포르셰사의 포탑 결함이 '무죄' 였을 줄이야……. 포르셰는 티거1의 경합에서도 깨져서 '거기 디자인은 전부 꽝이야'라는 선입견이 있는데 마찬가지로 편견을 가지고 있던 필자 자신도 반성했습니다(웃음).

라고 말했지만, 추가로 포르셰사가 ㅅ 험 제작한 티거2는 또다시 전기구동 방식-요즘 말로 하이브리드식-이었다. 박사는 참 곤질기다.

Pz.Kpfw. VI Ausf.B
(production turret)
SS s.Pz.Abt.501
Dec.1944 Ardennes

■6호 전차 B형 티거2 제501SS중전차대대/아르덴/1944년 12월

노르망디 전투에서 소모된 제101SS중전차대대는 9월 이후 티거2를 장비하면서 제501SS중전차대대로 이름을 변경했다. 아르덴 전투에서 치메리트 코팅이 없는 티거2로 재편성된 제501대대는 파이퍼 전투단에 배속됐다. 일러스트의 차량은 아르덴 전투 당시 제2중대의 차량이다. 아르덴 전투의 티거2는 코딩이 없는 차체에 반점무늬의 3색 위장색(빛과 그림자 위장색)을 했다. 포탑번호는 중대마다 색이 달라서 제1중대는 흑색 바탕에 백녹색 윤곽선, 제2중대는 적색 바탕에 백녹색 윤곽선, 제3중대는 청색 바탕에 황녹색 윤곽선이었다. 차체 전면 우측에는 LAH 군단의 마크가 기입돼 있고, 중앙에는 진격로 식별용의 'G' 표식이 검은색으로 기입돼 있다(이 일러스트를 그린 시점의 자료가 오래된 탓에 포탑번호의 색과 위장색을 착각했다).

Pz.Kpfw. VI Ausf.B (production turret) SS s.Pz.Abt.503
May 1945 near Berlin

■6호 전차 B형 티거2 제503SS중전차대대/베를린 교외/1945년 5월

이 부대는 1943년 11월에 제103SS중전차대대로 편성이 시작돼 1944년 11월에 제503SS중전차대대로 이름을 변경했다. 티거2 39대가 갖추어진 것은 1945년 1월이었다. 대대는 포메른과 단치히 주변에 분할되어 투입됐지만, 최후의 10대가 베를린 방위전에 투입됐다. 마킹은 포탑번호, 발켄크로이츠도 기입되지 않았지만, 제1중대 소속 일부 전차에는 검은색 윤곽선의 포탑번호가 그려져 있다. 100호차는 베를린 공방전 과정에서 4월 30일에 대략 30대의 T-34를 격파했지만 궤도에 손상을 입어 포츠다머 플라츠 지하철역 부근에 유기됐다.

전군에서 최초로 티거1를 장비한 이후 동부전선에서 수많은 전과를 올린 제 502중전차대대는 1945년 1월 제511대대로 부대명을 변경했다. 대대는 쾨 니히스베르크에서 종전할 때까지 싸웠지만, 3월 31일 제3중대만은 카셀의 헨셀 공장에 파견돼 공장에서 생산된 최후의 티거2 8대를 수령하고 그대로 카셀 전역에 투입됐다. 이 헨셀-카셀 공장 최후의 티거2가 어떤 도색을 했는 지에 관해서는 두 가지 설이 있다. 하나는 이 일러스트처럼 붉은색 방청도료 위에 다크 옐로우로 위장색을 칠했다는 것과 또 하나는 그린 바탕색에 위장 색을 칠했다는 설이다.

Pz.Kpfw. VI Ausf.B (production turret) s.Pz.Abt.511
May 1945 Kassel

■6호 전차 B형 티거2　제511중전차대대/카셀/1945년 4월

Waffen-SS Panzertroops
■무장SS 전차병

국방군 전차병 칼라장

무장SS 전차병 칼라장

전차병 제복은 검은색 짧은 더블 재킷(방한, 방풍을 위해 앞섶을 2중으로 했다)이다. 옷깃이 크고(특히 아래 옷깃), 앞섶은 경사지게 커트했다. 위쪽 옷깃에는 전차병을 나타내는 해골 뱃지가 달린 핑크색 테두리 장식이 있는 패치를 붙인다. 옷깃 둘레의 테두리는 대전 후반기에는 폐지됐다. 또한 국방군의 독수리 국가 문장은 전차복관이 아니라 모든 제복의 오른쪽 가슴에 달린다. 약모(Schiff(쉬프))는 정수리 부분이 평평하며 접어 올린 앞부분은 움푹 패인 형태다.

무장SS 부사관 및 병사용 국가수리

무장SS 전차병 제복도 국방군과 같은 검은색 더블 재킷이지만, 옷깃이 작고 둥그스름하며 앞섶이 얕고 수직으로 되어 있다. 휘장은 전차병 독자 디자인 대신 다른 무장SS 병사와 같은 것을 사용한다. 제 503SS중전차대대의 병사는 모체가 되는 토텐코프 사단의 병사와 같은 해골 휘장을 달고 있다. 또한 국가문장은 왼팔에 있는 것이 무장SS의 특징. 약모는 국방군과 달리 뾰족하며 접어 올린 라인도 곡선의 스마트한 형태다. 벨트의 버클 디자인도 국방군과 다르다.

국방군 부사관 및 병사용 국가수리

Wehrmacht Panzertroops Hauptfeldwebel
■국방군 전차병 상사

Pz.Kpfw. VI Ausf.B (production turret) SS s.Pz.Abt.503 near Berlin May 1945

■6호 전차 B형 티거2 　제503SS중전차대대 1중대 100호차/베를린/1945년 5월

이것도 30페이지 하단의 일러스트와 같은 차량으로 이쪽 다른 잡지를 위해 그린 것이다. 티거2형의 도색은 보통 3색 위장색 패턴이 압도적으로 많지만, 눈에 익숙해진 탓인가 필자는 이 차량처럼 담백하며 전쟁 말기 분위기의 컬러링이 마음에 든다. 그리고 이전의 일러스트를 그릴 때 기획 단계에서 당시의 아머 모델링지 D편집장으로부터 '말기 독일 전차의 다크 옐로우 색상은 기존보다 황색이 옅어져 갈색에 가까운 색이 됐습니다'라는 말을 들었다. 여기 2점의 일러스트는 그 어드바이스를 염두해 그렸다고 생각하지만, 잘 표현이 됐는지 어떤지…….

전진하라! 티거 中전차

영화에 등장하는 '티거1' 중(重)전차

이것은 6~9페이지에 수록된 작품을 그릴 때, 게재지의 티거1 특집에 맞춰 그린 것입니다. 빈자리가 없어 같은 티거 관련이라는 이유로 여기에 등장하게 됐습니다. 아무래도 티거2는 '대충 티거2'라고 할 만한 차량도 없어서 영화 〈벌지 대작전(Battle of the Bulge)〉(1965년, 미국)에서는 M-47 패튼 중(中)전차가 대역으로 나왔을 정도다. 비슷한 점은 포탑이 앞뒤로 길다는 점뿐이라고 할까나.

Pz.Kpfw. VI Ausf.B (Porsche turret) 3/s.Pz.Abt.503 Mailly-le-Camp July 1944

■6호 전차 B형 티거2(포르셰 포탑) 제503중전차대대 3중대/프랑스 동부 마이-르-캉 연습장/1944년 8월

28페이지 상단의 컬러 일러스트와 같은 부대의 차량. 이 포르셰-아니 정확히는 크루프 포탑의 포신은 일체형 구조(원피스)와 분할 구조(투피스, 이쪽이 제조하기 용이했다) 두 가지가 있었다. 당시 제3중대의 차량에는 두 형식의 포신이 혼재했다. 일러스트는 전자인 원피스 타입 포신이다. 앞쪽 전차병들의 복장을 보면 완전 제각각이다. 노르망디 전투 무렵의 자료사진을 보면 무장SS의 전차부대도 포함해 실제로 이런 모습이 자주 눈에 띈다. 나중에 역사를 뒤돌아 본다면 이 시기에 이미 독일의 전황은 패색이 짙어 군복을 제대로 통일할 물자조차 없었다. 라고 해석할 수 있을 것이다.

프라이머 레드(적갈색 방청도료)에 다크 그린과 다크 옐로우의 3색. 거기에 점박이 무늬가 더해져 〈빛과 그림자〉위장색이 된다. 당시 생산공장이 공습에 피해를 입는 등의 이유로 티거2의 배치는 점점 늦어졌고, 그래서 공세를 개시하기 전에 제509중전차대대에서 부족한 차량을 양도받았다. 차체 전면 우측에는 대대마크, 중앙에는 검은색 'G'가 그려져 있다. 후자는 소속부대가 지정된 행군 루트에서 벗어나지 않게 하기 위한 식별 표시다.

이른바 '벌지 전투'에서는 충분한 수의 티거2가 동원돼 최후의 활약을 펼쳤다는 이미지가 있지만, 실제로는 아니다. 이 전역에서 차량이 통행할 수 있는 도로가 적은데다 겨울이어서 눈이 녹은 진창길이 됐다. 그런 곳을 티거2 같은 무거운 전차가 통과하면 다른 차량들이 사용할 수 없을 정도로 노면이 망가졌다. 그래서 파이퍼 SS 중령은 속도도 느린 티거2는 전투단 종대의 최후미에 배치하고 보다 기동성이 높은 4호 전차는 선두에서 진격하는 전술을 채택했다.

Pz.Kpfw. VI Ausf.B (production turret) s.SS-Pz.Abt.501 "Wacht am Rhein" Ardennes Dec. 1944

■6호 전차 B형 티거2(헨셀 포탑) 제501SS중전차대대 파이퍼 전투단/ '라인을 수호하라' 작전 중 아르덴/1944년 12월

이 차량도 컬러 일러스트 31페이지의 차량과 같은 부대 소속이다. 사실 컬러 쪽에 몇 가지 오류가 있는데, 실제로는 이쪽에 그린 것처럼 폭이 좁은 철도 수송용 궤도를 장착하고 있었다. 또한 세부적으로 전차장용 큐폴라의 대공기관총용 링도 없다. 그밖에 최후기 생산형의 특징으로는 단차가 없는 매끈한 주포 포방패, 톱니가 18개인 기동륜(이전 형식은 9개), 사이드에 보강용 리브(rib:늑재)가 붙은 프론트 펜더 등을 들 수 있다.

다만 필자의 개인적인 감상으로는 협궤 궤도의 티거는 뭔가 멀쑥하니 키만 커서 '중전차!'라는 안정감이 결여된 모습이라 그다지 좋아하지 않는다. 좌우로 겨우 수십 센티미터 차이라고 하지만, 눈에 보이는 인상은 상당히 다르게 느껴진다. 그런 이유로 컬러의 차량이 폭이 넓은 전투용 궤도를 하고 있는 것은 확신범의 소행입니다. 부디 용서하시길.

Pz.Kpfw. VI Ausf.B (production turret) 3/s.Pz.Abt.511 Kassel Apr. 1945

■6호 전차 B형 티거2(헨셀 포탑) 제511중전차대대 3중대/카셀 방위전/1945년 4월

Pz.Kpfw. VI Ausf.B (production turret) s.SS-Pz.Abt.502 Halbe Apr. 1945

■6호 전차 B형 티거2(헨셀 포탑) 제502SS중전차대대/할베 탈출전/1945년 4월

1945년 4월, 테오도어 부세 대장의 제9군은 베를린 동쪽의 제로우 고지 전투에서 압도적인 전력으로 진격해 오는 소련군을 막으며 분투하고 있었다. 하지만 최종적으로 커다란 피해를 입고 적에게 포위당했다. 여기서 부세 대장은 얼마 남지 않은 장병들과 피난민을 이끌고 적 병력이 비교적 적은 할베 방면으로 탈출을 결심한다. 그쪽 방향에 서부전선을 지키는 독일군 제12군이 있었기 때문이다. 제9군은 남은 병력 중 최강의 기갑부대인 제502SS중전차대대의 티거2 14대를 선봉으로 삼아 4월 25일부터 29일에 걸쳐 3차례의 공격 끝에 드디어 적 전선을 돌파

하는 데 성공하여 25,000명의 장병과 1,000명의 피난민이 간신히 제12군의 방어진지에 도달할 수 있었다. 한편 이 전투에서 제502SS중전차대대는 보유한 티거를 전부 상실했고, 살아남은 전차병들은 보병이 되어 엘베강을 건너 미군에게 항복했다.
그런데 독일이 패배 직전에 몰린 이 시기 히틀러는 제9군이 아군과 베를린을 이중으로 포위하고 있는 소련군을 돌파해 베를린과 자신을 구출해 줄 것이라는 환상을 품고 있었다. 영화 〈다운폴〉(2004년, 독일)을 보면 당시 히틀러의 광기에 찬 모습을 리얼하게 묘사하고 있다.

Pz.Kpfw. VI Ausf.B (production turret) s.SS-Pz.Abt.503 Berlin May 1945

■6호 전차 B형 티거2(헨셀 포탑) 제503SS중전차대대 3중대/베를린 방위전/1945년 5월

이 시기 해당 대대는 이미 부대로서의 기능을 상실한 상태로, 잔존한 전차와 승무원들은 뿔뿔이 흩어져 개별적으로 전투에 참가하는 절망적인 상황이었다. 30, 32 페이지 일러스트의 제1중대장차와는 달리 이 제3중대 소속 차량은 전형적인 3색 위장색을 하고 있다. 같은 대대에서도 도색을 통일할 여력이 없었던 것이다. 일러스트에서는 어쨌든 주역(?)이여서 차재공구류나 사이드 스커트도 제대로 장비한 멋진 모습으로 그렸지만, 실제로는 너덜너덜했을 것이다.
후방에 ISU152 자주포가-유감스럽게도 격파당한 채다-있다. 당시 일러

스트의 밑그림을 본 편집자 N씨가 '어째서 스탈린 전차가 아닌가요?'라고 지적했지만, 필자가 이 자주포-독일식으로 말하면 돌격포-를 좋아하기 때문에 그려 넣었다(웃음). 사실은 전체 모습을 그리고 싶었지만.

19세기, 철도는 첨단 기술의 총아였습니다. 그리고 철도병기-열차포나 장갑열차 등-는 제1차 세계대전이 끝날 때까지만 해도 '신병기' 대접을 받았습니다. 하지만 그 뒤 항공기와 기계화부대가 등장하며 살짝(?)시대에 뒤처진 병기가 되고 말았죠. 하지만! 세상에는 포기를 모르는 사람도 있는 법이다 보니—

선로는 어디까지든 이어진다네~♪

German Armoured Trains in World War II

2차대전의 독일군 장갑열차

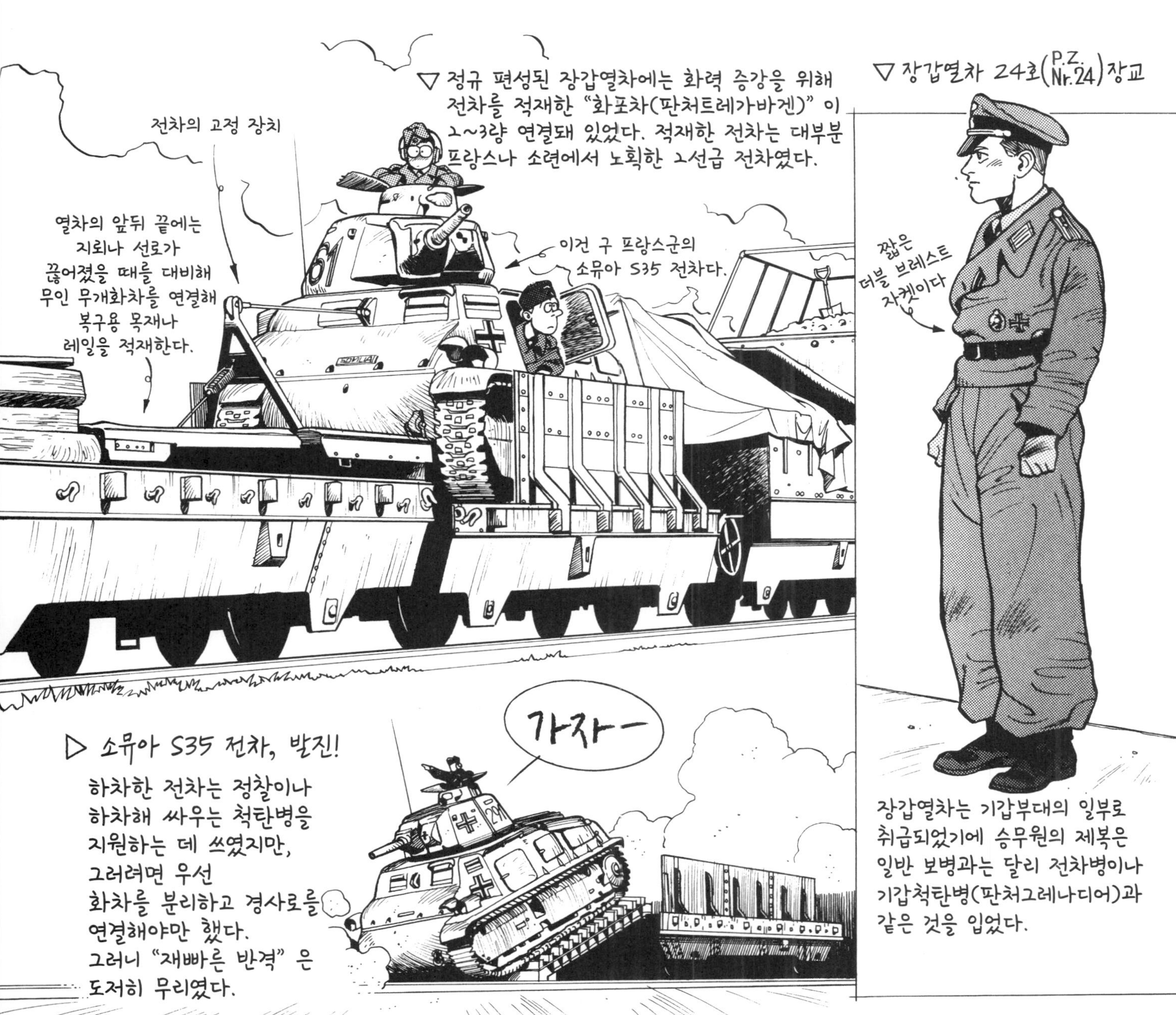

저자주) 이 작품은 상당히 예전에 그려진 것이어서 기술된 정보가 오래돼 오류가 있을 가능성이 있는 점 양해 부탁드립니다.

독일군 장갑열차가 사용된 곳은 동부(러시아)전선과 그리스, 발칸 방면이었습니다만, 아무래도 최전선에서 전차나 전투폭격기(야보)등을 상대로 싸우는 것은 무리였습니다. 그래서 주 임무는 후방의 파르티잔과의 전투, 그러니까 약자를 괴롭히는 역할이었습니다. 전성기에는 약 30대의 장갑열차가 편성되어 집단군 또는 군단 직할로 운영됐다고 합니다.

그리고 전훈을 바탕으로 '궁극의 장갑열차' 로 계획된 것이 BP42형과 그 개량형인 BP44로 앞뒤 끝의 무개화차에 75밀리 전차포탑(!)을 장비한 구축차가 있고, 야포를 76.2밀리에서 105밀리포로 강화한 것 외에는 기존 장갑열차와 거의 동일했습니다. 각 차량의 장갑판의 두께는 15~30밀리였습니다. 그래도 상당히 무거워 보입니다.

△ 탄수차 관측대의 기관사

BP44형의 정원은 143명으로, 운전요원(18명)외에 척탄병 2개 분대(24명)과 전차/통신/의무/공병 등등 각종 병과가 함께하는 대가족이었다.

◁ 철도경비열차 '슈테틴' 의 포차(1942)
Streckenschutzzüge ”Stettin”

독일 본국에서 편성된 정규 장갑열차 외에 현지 부대에서 그야말로 있는 대로 긁어모아 다양한 전투용 차량을 만들었는데, 이를 '철도경비열차' 라 불렀다. 이것도 그중 하나로 화차의 지붕을 계단식으로 잘라내어 소련군의 BT-7 전차(45밀리 주포)의 포탑 2기를 탑재했다. 군함처럼 강해 보이기는 하지만, 측면이 나무 판자라니—!? ← 실은 내부에 또 한 장의 벽을 만들어 그 사이에 콘크리트를 부어 넣어 장갑판 대용으로 사용했다(후일 판명됨).

참고자료
W. Sawodny 저 「German Armored Trains in World War Ⅱ」
W. Sawodny 저 「Panzerzüge im Einsatz -auf deutscher Seite- 1939-1945」

▽ 장갑열차 BP44형
Panzerzüge Typ. BP44

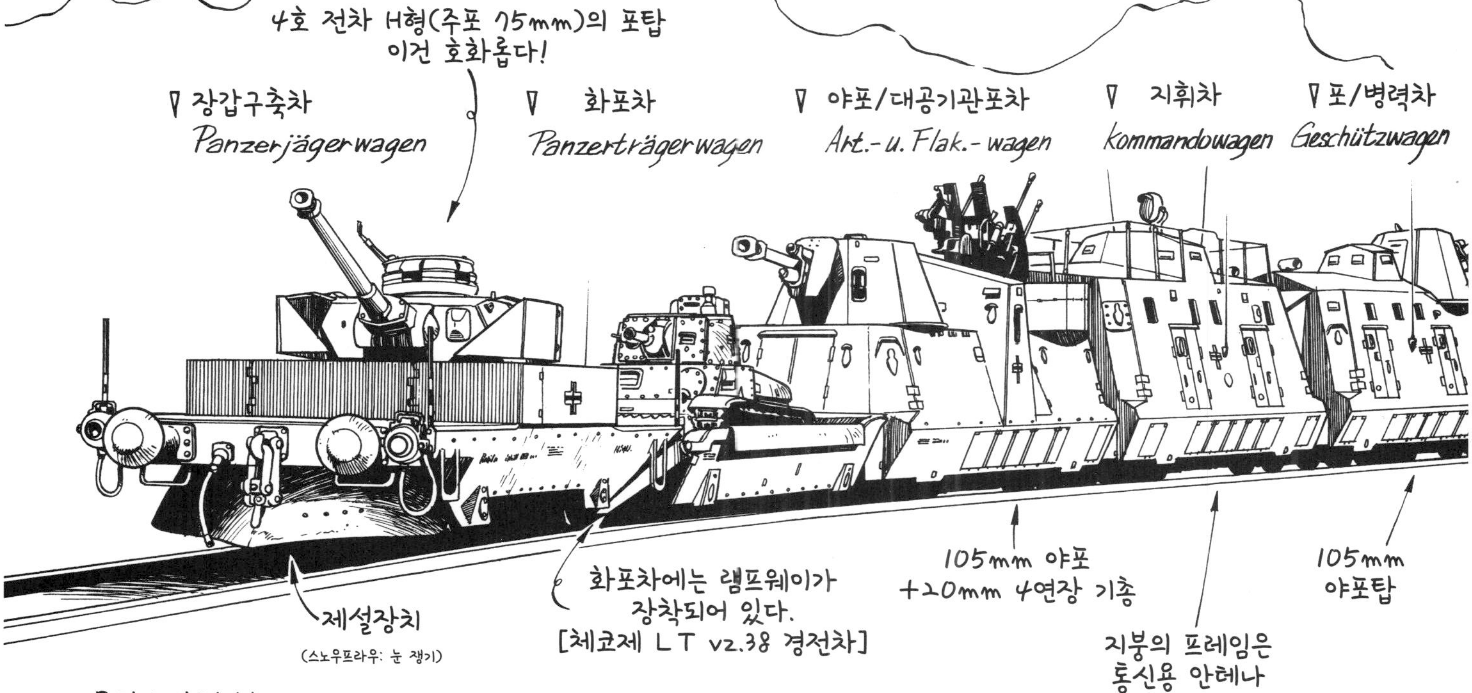

4호 전차 H형(주포 75mm)의 포탑
이건 호화롭다!

▽ 장갑구축차 *Panzerjägerwagen*
▽ 화포차 *Panzerträgerwagen*
▽ 야포/대공기관포차 *Art.-u.Flak.-wagen*
▽ 지휘차 *Kommandowagen*
▽ 포/병력차 *Geschützwagen*

제설장치
(스노우프라우: 눈 챙기)

화포차에는 램프웨이가
장착되어 있다.
[체코제 LT vz.38 경전차]

105mm 야포
+20mm 4연장 기총

지붕의 프레임은
통신용 안테나

105mm
야포탑

무전기 안테나는
독일제 장비

◁ 파나르 P.178 정찰장갑차 PANHARD P.178

이것도 프랑스에게서 얻은 전리품으로, 주행장치에 주목! 파나르 장갑차는 타이어를 제거하면 그대로 철로 위를 달릴 수 있는 편리한 물건이다. 무장은 37밀리 기관포x1*, 승무원 4명. 장갑열차에는 이 차량이 1대 배치돼 열차의 진로 전방의 경계 임무를 맡았다.

역주) 무장은 25mm 전차포와 7.5mm공축기관총이다. 또한 모든 파나르 장갑차가 레일 주행이 가능한 것이 아니라 레일 주행용으로 개조한 차량만 가능하다. 레일에 올리는 방법은 타이어 상태로 레일 위에 놓은 뒤 밑에 버팀목을 설치하고 타이어를 휠과 함께 탈거하면 내장된 철도용 바퀴가 드러나고 레일 위를 주행 가능한 상태가 된다.

고무 타이어를 제거하는 데에는
10분 정도 걸렸다고 한다.
그런데 어떻게 레일 위에 올렸을까?

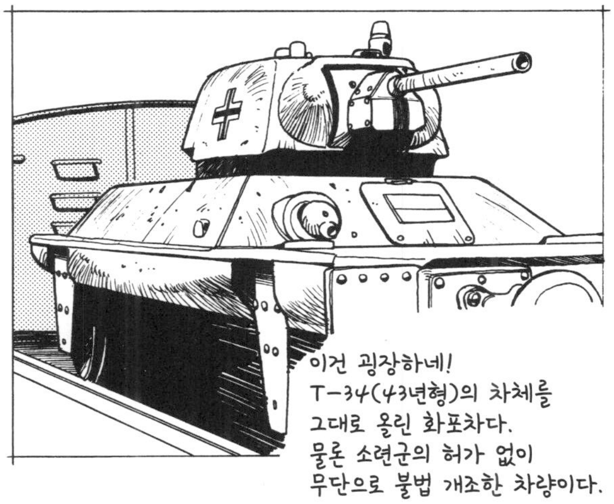

이건 굉장하네!
T-34(43년형)의 차체를
그대로 올린 화포차다.
물론 소련군의 허가 없이
무단으로 불법 개조한 차량이다.

동부전선의 패색이 짙어지면서 장갑열차의 손실도 ▷
증가하자 이런 화포차까지 계획됐다. 이거라면 소련
전차도 무섭지 않다! 라고 생각했는지는 둘째치고
완성된 시기가 45년 5월. 곧바로 패전한다.
수고하셨습니다.

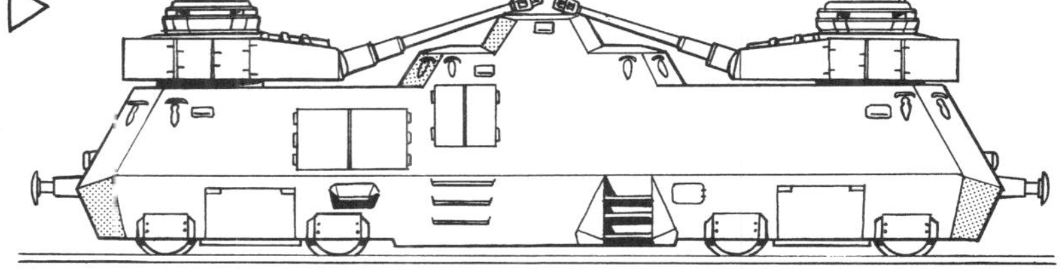

1943년, 파르티잔/레지스탕스 활동이 격렬해지면서 기존의 장갑열차로는 재빨리 대응할 수 없었다!
그래서 완전히 새로운 타입의 열차가 개발됐다. 각 차량마다 엔진을 탑재하고 단독으로도, 복수로도
자유롭게 행동할 수 있는 '정찰형 장갑열차(Panzerzuke-Spaehpanzer)'라 불리는 물건으로
경(le.Sp.)과 중(s.Sp.)의 두 가지 타입이 있다.

◁ 정찰형 경장갑열차(1944)

경무장형은 단독으로도 운행이 가능했지만
기본적으로 5량에서 10량으로 운행됐다.
승무원 6명, 76마력의 공냉 엔진으로
최고 시속 70km의 훌륭한 물건이었지만,
무장은 기관총 4정에 불과해 상대가
비정규군이라지만 살짝 고전을 면치 못했다.

그래서 중무장형은 5종 합계 12량 구성으로
편성돼 운용됐지만, 엔진이 경무장형과 같아
최고 속도는 40km! 겉보기도, 속도도
엄마 거북…아기 거북…처럼 보인다.

정찰형 중장갑열차(1944) ▽

← 3호 전차 N형의 포탑
(75mm 포)

▽ 존재감 No.1은 아마도 이 장갑전투열차 16호(Panzertriebwagen Nr.16)일 것이다.
추가 디젤 기관차(WR550D14형)를 50mm 장갑판으로 둘러싸고
거기에 75mm 야포탑을 탑재한 포차를 앞뒤에 연결한 괴물 머신이다.

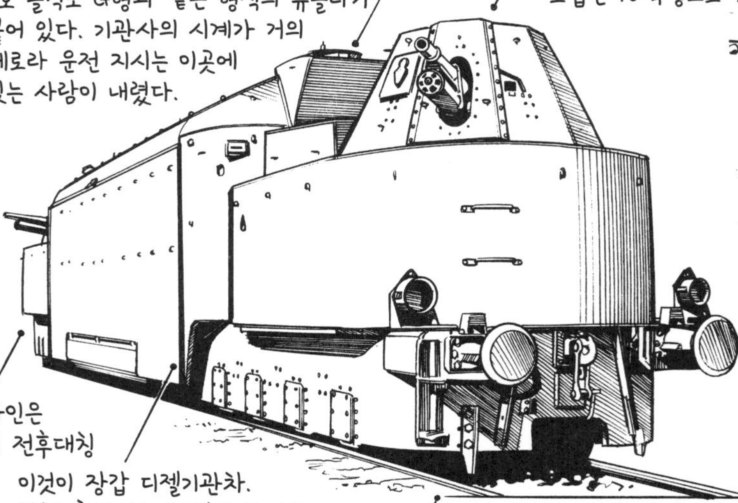

이쪽이 소련으로부터 노획한 장갑
증기기관차의 운전석. 장갑의 두
께에 주목. 움직이는 게 대단해
보일 정도로 무거워 보인다.

지휘관이 자리하는 사령탑. 지붕에는
3호 돌격포 G형과 같은 형식의 큐폴라가
붙어 있다. 기관사의 시계가 거의
제로라 운전 지시는 이곳에
있는 사람이 내렸다.

← 소련제 M1902/30 야포.
포탑은 10각형으로 위쪽과 뒷면에 해치가 있다.

이쪽이 앞이다 →

디자인은
거의 전후대칭

이것이 장갑 디젤기관차.
차체 측면에는 60밀리 두께의
증가장갑이 추가됐다.

└ 이름은 '16호' 지만,
이것 한 대만 만들어졌다.

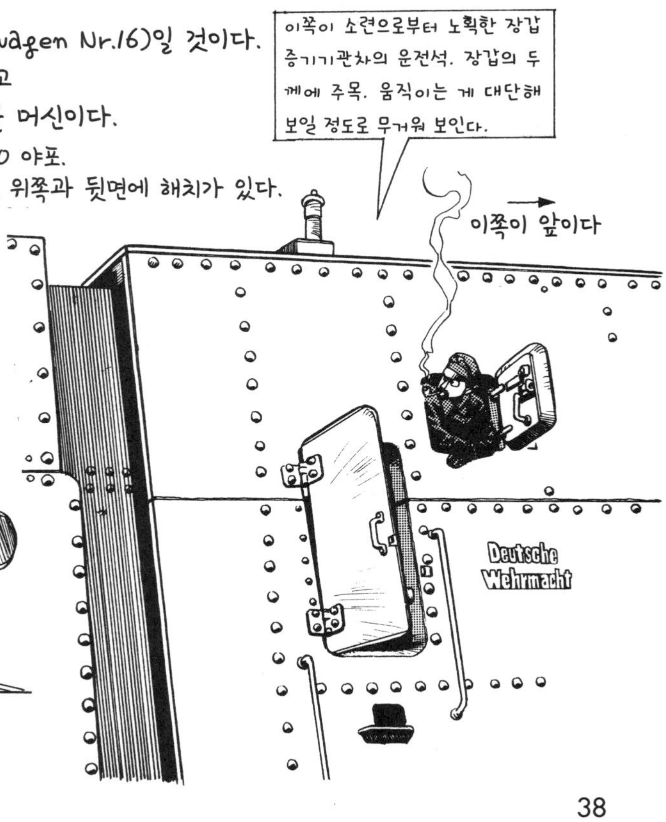

특별 칼럼

수수께끼의 4.5호 전차의 장

Bergepanther + Pz.Kpfw.IV Ausf.H (or G) = Befehlspanzer 4.5 (?)
Stab/s.Pz.Jg.Abt.653, Galizien, June 1944

재미있게도 이런 전차가 있었다는 걸 알게 됐는데. "자! 이 자료를 구입하시죠."라고 필자를 꼬드겼다. 사실 필자는 이 전차가 멋져 보인다(제대로 된 전차 매니아가 아니기 때문에 그렇게 생각하는지도 모르지만). 대일본회화에서 발간한 〈제653중전차구축대대 전투기록〉의 내용으로 추측해 보자면 이 전차가 만들어진 경위는 대충 아래와 같다.

653대대의 편성은 1943년 4월. 장비는 여러 가지 의미로 괴물인 페르디난트는 구축전차(P티거 개조!)였다. 어쨌든 차체였기 때문에 고장난 경우 회수가 곤란하리라 예상됐다. 그래서 대대는 베르게*판터(Bergepanther, 판터를 개조해서 제작한 구난전차라는 의미) 2대를 받았다. 당시 배치 중이던 신형 전차 판터 D형에서 포탑을 떼어냈을 뿐인 무미건조한 차량이었다. 하지만 판터는 중장전차, 페르디난트를 견인하기에는 마력이 부족했다. 그 후 쿠르스크 전투를 거치며 페르디난트는 엘레판트로 개조되었고, 회수용 베르게엘레판트도 배치됐다. 이는 다음 해인 44년 봄에 일어나는 일로, 그로 인해 2대의 베르게판터가 남게 됐다. 653대대 정비중대는 이 두 차량 중 한 대는 20mm 4연장 고사포를 탑재해 대공전차로 만들었고, 또 한 대에는 4호 전차의 포탑을 탑재했다. 이때 추가로 T-34의 차체에 20mm 4연장 고사포를 얹은 대공전차도 1대 만들었다. 정비중대가 솜씨를 발휘한 물건들이 모인 셈이다.

하지만 4호와 5호는 포탑 림의 크기가 다른데 그 부분은 어떻게 해결했나? 라는 의문이 먼저 떠오른다. 정답은, 포탑을 차체에 볼트로 고정했다!

그러니까 기껏 장착한 75mm포는 꿈쩍도 움직이지 못하고 딱 정면밖에 쏠 수 없었다고 상기의 자료에 적혀 있다. 하지만 생각해 보면 볼트로 고정한 포탑에서 주포를 발사하면 그 반동으로 포탑이 빠지지 않나? 그럼 주포는 장식이고 대신에 무전기를 추가하고, 라고 생각했지만, 사진을 보면 지휘전차라면 반드시 붙어 있는 피뢰침형 안테나가 없고 전투서열에 따르면 지휘전차는 Pz IV가 1대뿐. 그럼 도대체 4.5호 전차는 무슨 용도로 만든 것인가? 그 부분을 전혀 모르겠다.

결국 수수께끼는 풀리지 않았지만, 필드 탱크 뮤지엄**의 4호와 5호 전차를 합체해 즉석 4.5호 전차를 만들어보니 역시 멋지다는 생각이 든다.

역주1) Berge는 산(山)이라는 뜻으로 주로 쓰이나 군사용어로 구출, 회수라는 의미도 있다.
역주2) 타카라에서 발매한 1:144 미니 탱크 장난감 컬렉션.

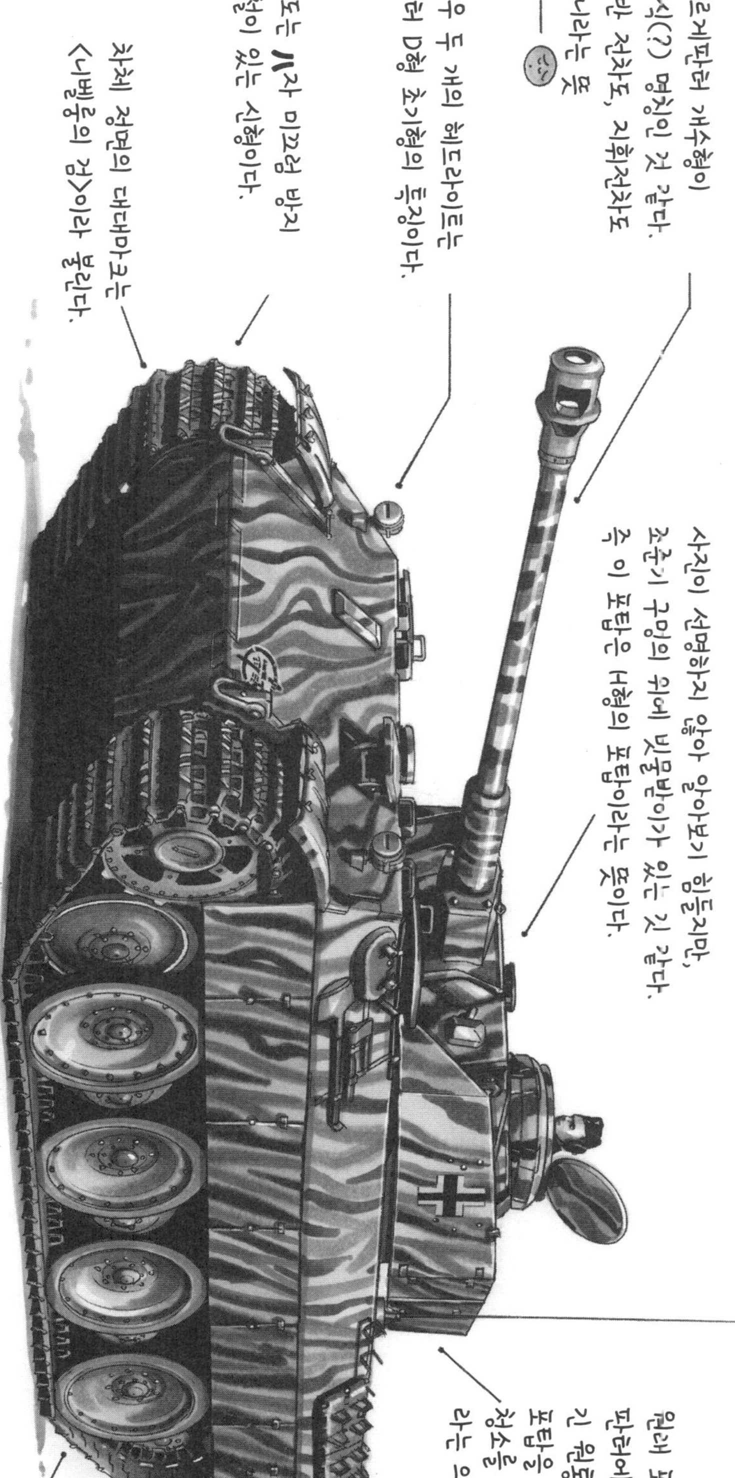

포케불프 FW190D-9/Ta152H

Focke-Wulf Fw190D-9 / Tank Ta152H

D형의 중기생산형부터 사용된 8-190.10그형 캐노피. Fw 190에 채용된 캐노피 중 유니크한 특징이 있다.

이 튜브에서 유리 세정용* 연료(!)가 뿌려진다. 낭비는 엄금!
역주) 결빙 제거용이다.

방풍용 방탄유리는 전면 50mm, 후면 30mm

롤 바 겸용 프레임

프레임 중앙의 힌지. 캐노피가 뒤로 슬라이드되면 좁은 동체 폭에 맞춰 위로 오목하게 휘어진다.
역주) 물방울 캐노피 부분은 '플렉시글라스' 라는 이름의 아크릴 유리로 탄성이 있다.

투시도로 본다면 이런 모습. 독일인의 우격다짐

유리의 상부 중앙에는 힌지가 있다.
가이드 롤러. 동체 안쪽의 가이드 레일에 끼운다.
방탄판 지지대 덮개
이런 단면으로 프레스 가공했다.
캐노피 비상 사출 레버
캐노피 개폐 핸들
방탄용 강판의 두께는 12mm

안테나 장력 유지용 풀리
상단이 평평한 구형 8-180.122형 캐노피

방탄판의 주의 문구. "주의!" 화약 사출식 캐노피

Achtung!
Haubenabwurf
qurchsprngtadung

시속 300km를 넘으면 풍압으로 인해 수동으로는 캐노피가 열리지 않았다. 그래서 비상탈출 시 폭발 볼트로 날려 버렸다!

가이드 롤러

상면의 색은 회보라색(RLM75)
하면의 색은 연파랑(RLM76)
무도색 두랄루민

대전 말기의 D형은 주익 하면의 색분할이 약간 바뀌었다.

기본은 미도색이지만 지상 주기 중에 저공에서 공격해 오는 연합군기의 눈에 띄지 않게 하기 위해 앞부분과 랜딩기어 커버를 위장색으로 칠했다. 패색이 짙어진 독일 공군을 상징하는 듯한 모습이다.

카울링의 내측에는 라디에이터를 보호하기 위해 10밀리 두께와 4밀리 두께의 장갑판을 설치했다.

스피너의 흑백 소용돌이 무늬. 그 기원은 대공포 식별용 표시였다고 한다.

융커스 VS111 목제 프로펠러. 금속제보다효율은 떨어지지만 어쨌든 자원 절약! 모형으로 보면 목제 프로펠러 독일기는 중량감이 느껴져 멋있다.

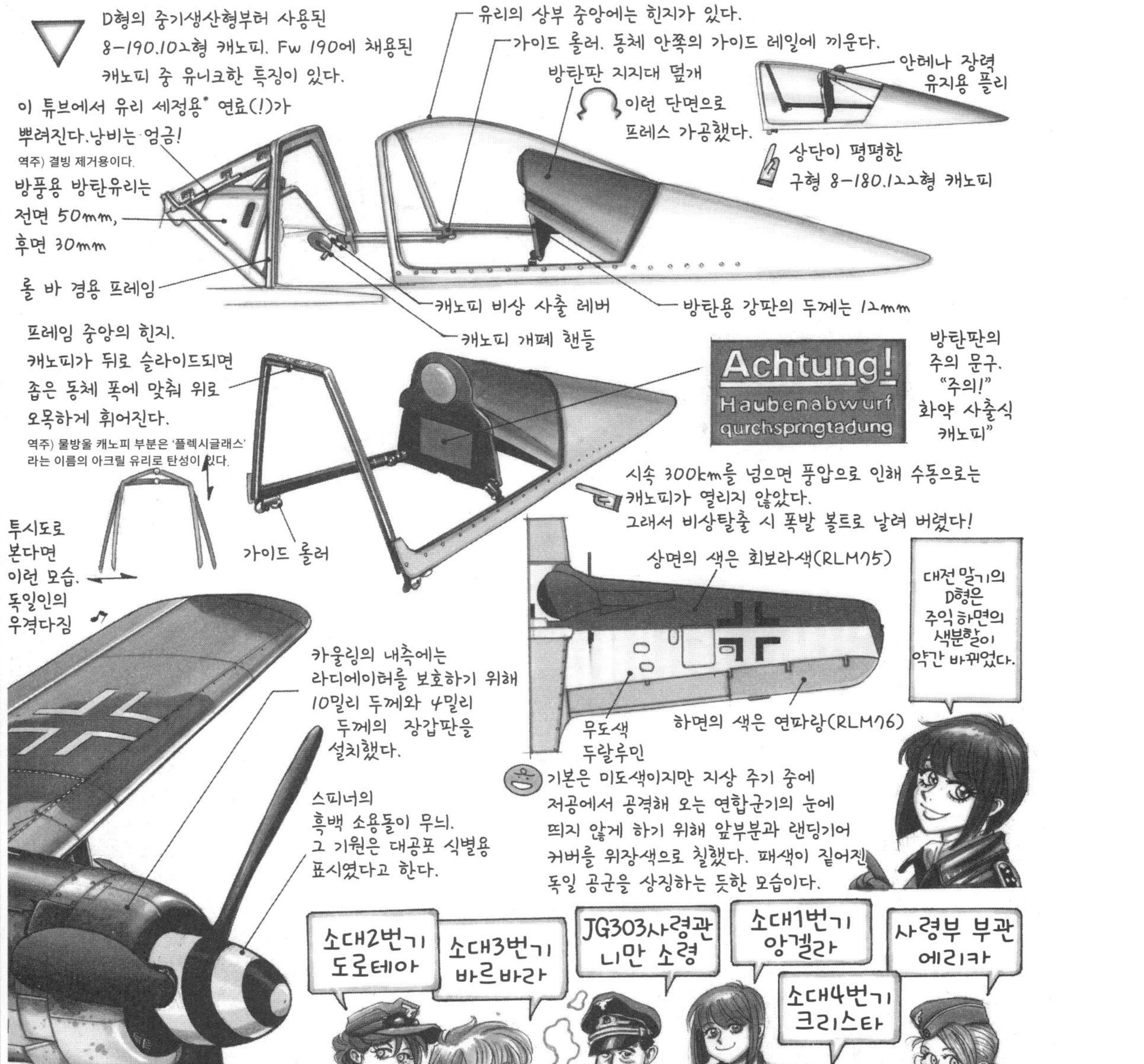

D형의 라디에이터는 이런 식으로 카울링 내부, 엔진 앞에 있다. 공기역학적으로는 P-51같은 배치가 공기저항이 가장 적지만, 그러기 위해서는 동체 설계를 전부 고쳐야 하기 때문에 신형기를 개방하는 정도의 시간이 걸린다. 일단 그림과 같은 방식이라면 기수의 설계변경(과 후미의 연장)만으로 충분. 탱크 박사는 단순명료한 해결법을 선택했다. 최고보다는 최선을 선택하는 결단력도 설계자의 재능 중 하나라 하겠다.

▲여기에 등장하는 니만 소령의 활약을 알고 싶은 독자는 겐토샤에서 발매한 〈요시하라 마사히로 작품집 1 요격공역〉에 실려 있는 '스트라크 오브 소드'를 읽어보시길.

패색이 짙은 상황에 나타난 환상의 명기. 코주부 도라」 Fw190D-9와 Ta152H. 카탈로그 성능은 훌륭했지만 최근 연구로 살짝 평가가 떨어진 두 기체의 장점을 저자의 독단과 편견을 담아 소개하겠다.

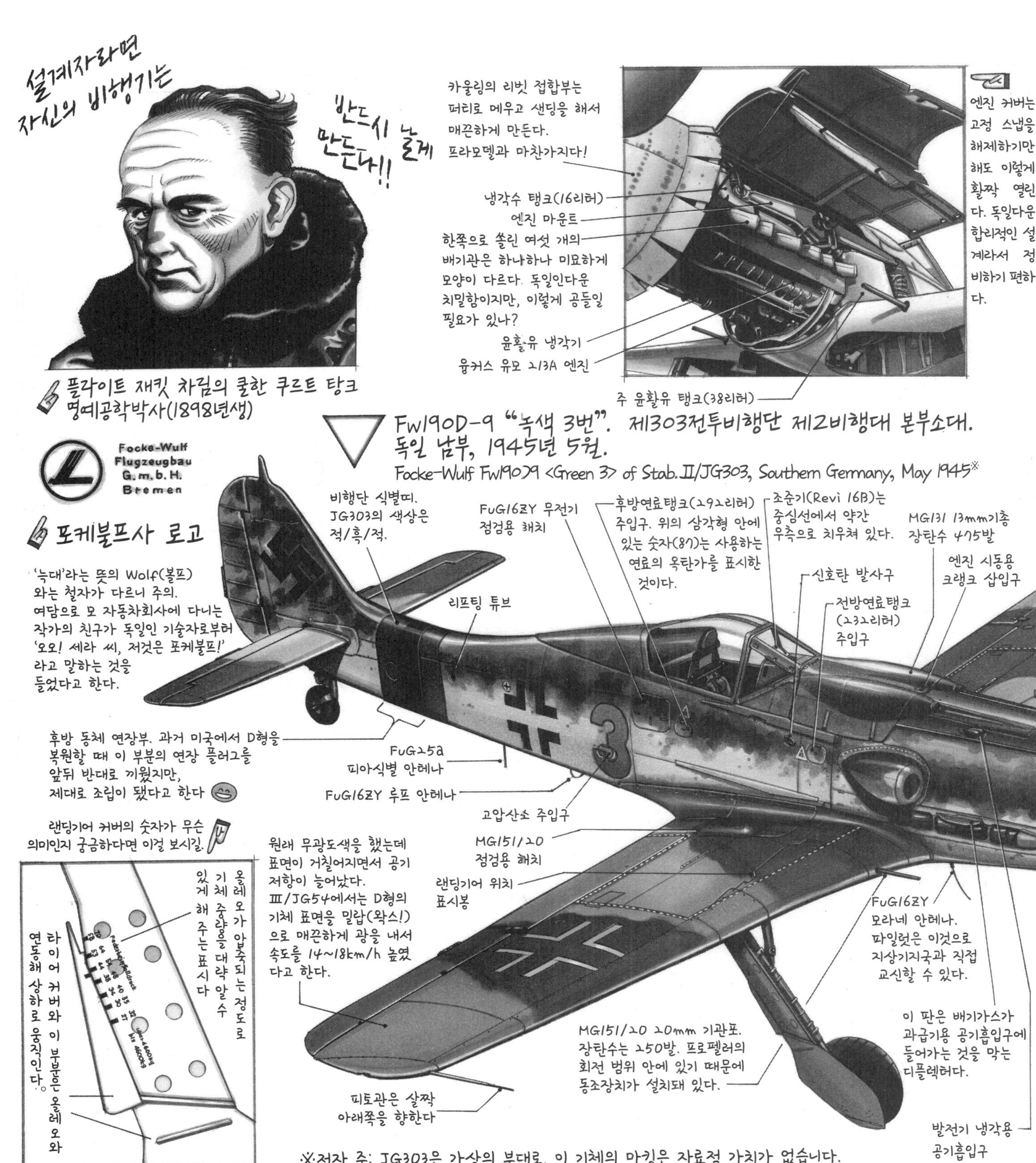

●중학교 시절부터 필자의 절친인 세라군은 지금은 다임러-벤츠사* 산하의 모 자동차 메이커에 근무하고 있다. 그는 엔지니어로 업무 상대인 독일인에게 '메서슈미트'니 '포케불프' 같은 것을 이야깃거리로 삼아 대화를 나눴다고 한다. 하지만 대부분의 사람들은 '뭔가요? 그게?'라는 반응을 보일 것이다. 역시 국적을 떠나서 양식을 갖춘 사회인과 우리들 마니아를 동일시하면 안 된다는 교훈을 얻었다(웃음). 그래도 가끔은 '뮌스터**'에는 전시된 전차가 잔뜩 있지. 너도 한 번 휴가 내서 구경하러 와.' 라던가 '오오! 이 전투기의 엔진은 우리 회사에서 제작한 거다!'라고 자랑하는 아저씨가 있는 모양이다.

역주1) 2022년 '메르세데스-벤츠 그룹'으로 사명을 변경. 산하에 '다임러 트럭'이 있다.
역주2) 뮌스터에는 전차 박물관이 있다

TA152H 캐노피를 둘러싼 TMI

Ta 152의 카탈로그 성능은 상당한 수준으로 '최강의 레시프로 전투기'라 평하는 사람도 적지 않다. 하지만 최근 이에 대한 반론도 있다. 엔진과 부스트 매커니즘의 부조화를 해결하지 못해 종합적인 성능은 Fw 190D-9가 우수하다고 말한다. 대전 말기 독일의 신형기에 대해서는 자료가 부족해 평가하기 어려운 점이 있다.

TA152H "황색 1번". 제301전투비행단 제7중대, 알테노, 1945년 2월

Focke-Wulf Ta152H ＜Yellow 1＞ of 7/JG301, Alteno, February 1945

Ta 152는 여압콕피트를 밀폐하기위해 캐노피의 프레임 안쪽에 고무 튜브를 장착, 고압 공기로 부풀려 빈틈을 막았다. 그리고 캐노피가 들뜨는 것을 방지하기 위해 동체 측의 후크로 고정했다. 대충 임기응변식으로 문제를 해결하려다 보니 실제로는 제대로 기능하지 않았고, 콕피트의 기압을 유지하지 못하는 사태가 빈발해 고고도 비행에서 생각만큼 제 역할을 하지 못했다

◀특이한 미완의 기체 Me309

걸작 전투기 Bf 109. 하지만 그 후 메서슈미트 교수의 재능이 빛나는 일은 없었다. 후계기인 Me 309를 보면 그 이유를 알 수 있다. 굵은 기수와 역방향으로 굽어 보이는 얇은 후미, 작은 수직미익. Bf109에서 살짝 보이던 기묘하게 어긋난 밸런스 감각이 이번에는 대놓고 보이는 수준이었다. 결국 Me309는 비행은 고사하고 지상을 똑바로 활주하는 것조차 곤란한 터무니없는 비행기가 됐다. 메서슈미트 교수의 그런 성향을 많은 사람들이 지적했을 것이다. 아니면 너무 잘나신 분이어서 '선생님 이건 좀 아닌 것 같습니다!'라고 직언하는 제자가 없었나? 자기 자신을 절제하는 것은 의외로 어렵다. 그야말로 타산지석이라고 할 수 있겠다(웃음).

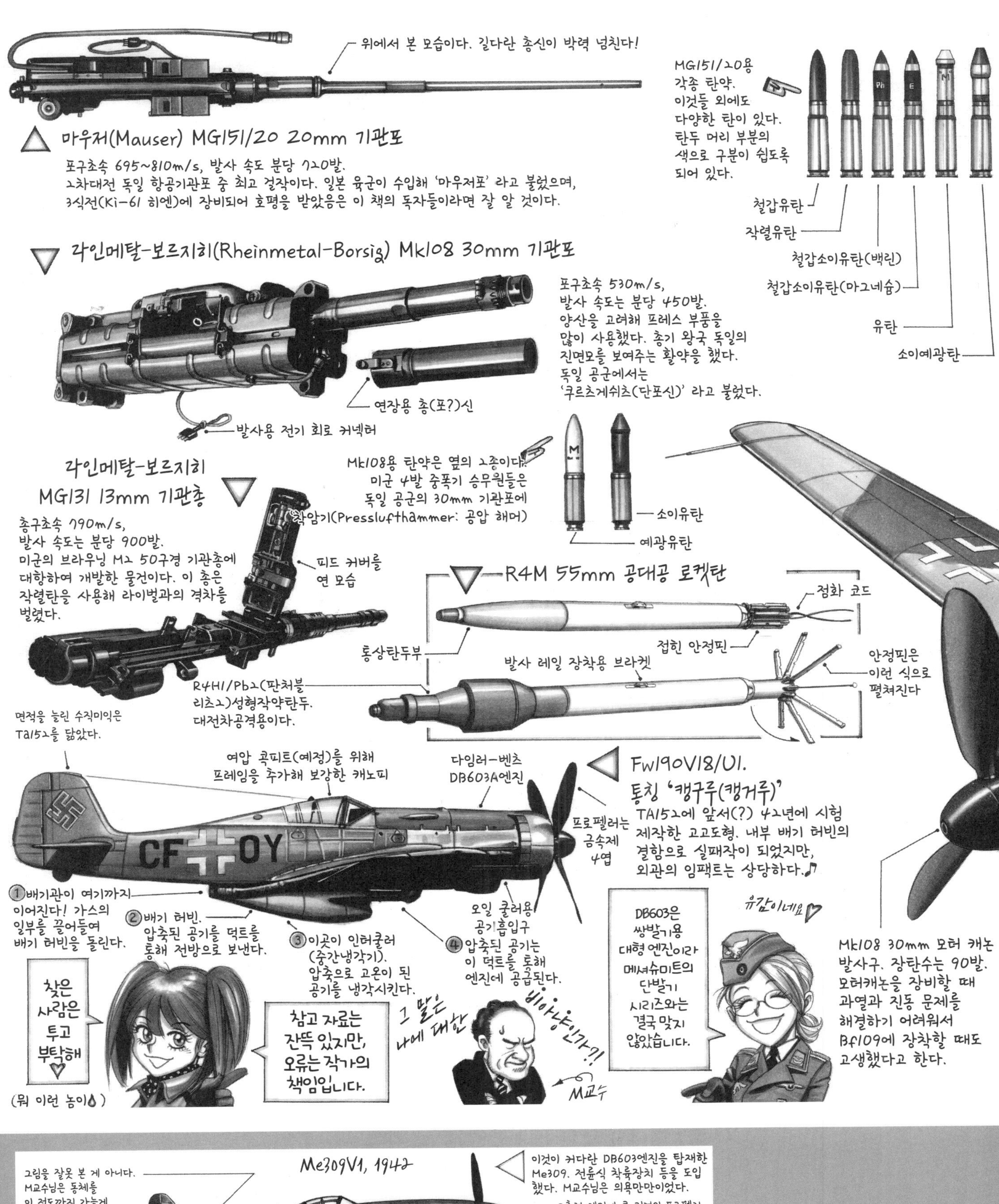
위에서 본 모습이다. 길다란 총신이 박력 넘친다!

MG151/20용 각종 탄약. 이것들 외에도 다양한 탄이 있다. 탄두 머리 부분의 색으로 구분이 쉽도록 되어 있다.

철갑유탄
작렬유탄
철갑소이유탄(백린)
철갑소이유탄(마그네슘)
유탄
소이예광탄

마우저(Mauser) MG151/20 20mm 기관포
포구초속 695~810m/s, 발사 속도 분당 720발.
2차대전 독일 항공기관포 중 최고 걸작이다. 일본 육군이 수입해 '마우저포'라고 불렀으며,
3식전(Ki-61 히엔)에 장비되어 호평을 받았음은 이 책의 독자들이라면 잘 알 것이다.

라인메탈-보르지히(Rheinmetal-Borsig) Mk108 30mm 기관포
포구초속 530m/s, 발사 속도는 분당 450발.
양산을 고려해 프레스 부품을 많이 사용했다. 총기 왕국 독일의 진면모를 보여주는 활약을 했다.
독일 공군에서는 '쿠르츠게쉬츠(단포신)'라고 불렀다.

연장용 총(포?)신
발사용 전기 회로 커넥터

라인메탈-보르지히 MG131 13mm 기관총
총구초속 790m/s, 발사 속도는 분당 900발.
미군의 브라우닝 M2 50구경 기관총에 대항하여 개발한 물건이다. 이 총은 작렬탄을 사용해 라이벌과의 격차를 벌렸다.

작암기(Presslufthammer: 공압 해머)
피드 커버를 연 모습
R4H1/Pb2(판처블리츠2)성형작약탄두. 대전차공격용이다.

Mk108용 탄약은 옆의 2종이다. 미군 4발 중폭기 승무원들은 독일 공군의 30mm 기관포에

소이유탄
예광유탄

R4M 55mm 공대공 로켓탄
통상탄두부
발사 레일 장착용 브라켓
점화 코드
접힌 안정핀
안정핀은 이런 식으로 펼쳐진다

면적을 늘린 수직미익은 Ta152를 닮았다.

여압 콕피트(예정)을 위해 프레임을 추가해 보강한 캐노피
다임러-벤츠 DB603A엔진
프로펠러는 금속제 4엽

Fw190V18/U1. 통칭 '캥구루(캥거루)'
TA152에 앞서(?) 42년에 시험 제작한 고고도형. 내부 배기 터빈의 결함으로 실패작이 되었지만, 외관의 임팩트는 상당하다.♪

CF+OY

① 배기관이 여기까지 이어진다! 가스의 일부를 끌어들여 배기 터빈을 돌린다.
② 배기 터빈. 압축된 공기를 덕트를 통해 전방으로 보낸다.
③ 이곳이 인터쿨러(중간냉각기). 압축으로 고온이 된 공기를 냉각시킨다.
④ 압축된 공기는 이 덕트를 통해 엔진에 공급된다.
오일 쿨러용 공기흡입구

찾은 사람은 투고 부탁해
(뭐 이런 놈이◑)

참고 자료는 잔뜩 있지만, 오류는 작가의 책임입니다.

그 말은 나에 대한

비아냥인가?!

DB603은 쌍발기용 대형 엔진이라 메셔슈미트의 단발기 시리즈와는 결국 맞지 않았습니다.

M교수

유감이네요♥

Mk108 30mm 모터 캐논 발사구. 장탄수는 90발. 모터캐논을 장비할 때 과열과 진동 문제를 해결하기 어려워서 Bf109에 장착할 때도 고생했다고 한다.

그림을 잘못 본 게 아니다. M교수님은 동체를 이 정도까지 가늘게 만드는 게 취미인가?

Me309V1, 1942

이것이 커다란 DB603엔진을 탑재한 Me309. 전륜식 착륙장치 등을 도입했다. M교수님은 의욕만만이었다.

고출력 엔진에 큰 직경의 프로펠러를 달았다. 이에 대응해 수직미익도 키워야 했지만····

G2+CO

엉덩방아를 찧을 경우를 대비한 댐퍼. 사실 당장이라도 쿵 하고 떨어질 것처럼 보인다.

인입식 라디에이터. 이것도 상당히 특이한 구조다.

노즈기어는 동체 구조가 아니라 엔진에 직접 붙여 놓았다!! 교수님, 이건 좀····

메인 기어의 좌우폭은 넓어졌다. 하지만 노즈기어와의 간격이 너무 짧아서 기체가 불안정해졌다····

크릭스마리네

1992년에 지금은 없어진 호비 데이터라는 회사에서 운영한 독자 참여형 우편 게임 〈크릭스마리네〉의 난외주(欄外註) 이미지 일러스트로 그려진 것이 이 페이지의 폴란드 해군 구축함과 이탈리아해군 콜벳. 게임이 운영된 때는 지금으로부터 20여 년 전이지만, 저자는 그 이전부터 확고하게 마이너 군대를 좋아했다.

자유폴란드 해군 구축함 브위스카비챠(O.R.P. Blyskawica)

그롬(GROM:천둥)과 브위스카비챠(번개)는 영국에서 건조돼 1937년 39노트의 공식 기록을 가진 우수한 함선이었다. 1939년 9월 독일군의 침공과 동시에 형세가 절망적이라 판단한 사령부의 명령에 따라 구식 구축함 부자(BURZA:폭풍)와 함께 영국으로 탈출했지만, 만일 적에게 추적당할 경우 부자가 방패가 되어 신예함 ㄱ척을 도주시키기로 했다고 한다. 영국에 도착한 후에는 영국 해군의 지휘하에서 전투에 종사했지만, 그롬은 노르웨이 작전에 참가 중 40년 5월 5일 나르빅 해안에서 독일 공군의 폭격에 의해 격침당하고 말았다. 그롬급은 발트해에서 운용될 것을 전제로 건조했기에 흘수선이 얕아 파도가 거친 대서양이나 북해에서의 작전은 어려웠다고 한다. 무장을 일부 철거해 상부 중량을 줄이자는 제안도 있었으나 폴란드 측은 화력이 약해진다고 거부했다. 브위스카비챠는 1941년 주포의 4.7인치 연장포×4를 4인치 연장고사포×4로 교체히고 그밖에 기관총과 폭뢰 발사기(K포)등을 증설했다. 또한 배의 중심을 낮추기 위해 연돌의 단축과 마스트의 경량화를 실시했다. 대전에서 살아남은 브위스카비챠는 1947년 사회주의 폴란드에 인도돼 1974년까지 현역으로 운용되다 퇴역 후 보존함으로 그디니아 항구에 있다(ㄱㄱ년 현재)*. 자매함 그롬과는 대조적인 생애를 보냈다 할 수 있겠다.

<참고자료: 「WARSHIP NO4」 (OCT.1977)>

역자주) 브위스카비차는 현재도 박물관함으로 보존 중이다.

가비아노급 콜벳 키메라(Chimera)

영국 플라워급에 해당하는 이탈리아 해군의 전시 급조초계함(휴전까지 ㄱ9척 취역).
'배수량(660톤)'에 비해 짜임새 있는 설계' 라는 평을 들었다. 역시 장인의 나라답다고 할까.

이탈리아 해군 잠수함장

메셔슈미트 Me321/323 기간트 &
융커스 Ju322 마무트

Messerschmitt Me321/323 Gigant & Junkers Ju322 Mammut

병기 개발사에는 기술 발전의 정석을 따르는 게 있는 반면 거기서 살짝-또는 좀 더 많이- 어긋난 것도 있다. 여기서 보여드릴 요상한 독일의 거인 비행기들이 바로 그런 것이라 하겠다 ——!?!

Messerschmitt Me321 Gigant 1941

■ 메셔슈미트 Me321 기간트　1941

세계 최대의 실용 수송글라이더. 전폭 55m, 전장28.15m로 기간트는 '거인'이라는 의미다. 옛날에는 영국 침공을 위해서 개발했다는 설이 유력했지만, 당초 개발 명령이 나온 것이 1940년 10월로 영국 침공 작전을 무기한 연기하기로 결정된 직후여서 현재는 그 후의 소련 침공에 대비해 또는 소련을 서둘러 정리한 후 한 번 더 영국 침공의 리벤지 매치를 위해서(이쪽은 대충 무시해도 좋은 이야기다)라는 두 가지 설이 유력하다. 생산 수는 약 200기(300기[!]라는 설도 있지만). 주로 러시아 전선에서 사용됐는데 무엇보다 자체중량 12톤의 거체를 비행기로 예항하는 데 어려움이 많아 그다지 활약하지는 못했다. '실용'했지만 '유용'하지는 않았다고 할까나?

Junkers Ju322 Mammut

■ 융커스 Ju322 마무트

기간트와 경쟁한 시험제작기인 마무트(맘모스라는 의미). 금속 자원 절약을 위해 전체를 나무로 만들었고, 전익기에 가까운 형상은 기간트보다도 더욱 과격한 디자인이라 하겠다. 거기다 사이즈도 기간트를 상회하는 전폭 70.64m! 사실 후고 융커스 박사는 전쟁 전 거대한 전익기로 대서양 횡단 정기 여객비행을 꿈꾸었지만, 이런 '거인 비행기'를 만든 건 박사의 본의는 아니었을 것이다. 그런 탓인지 마무트는 너무 커서 비행 성능이 열악했고, 결국 시험삼아 제작된 1기만으로 생산이 끝났다.

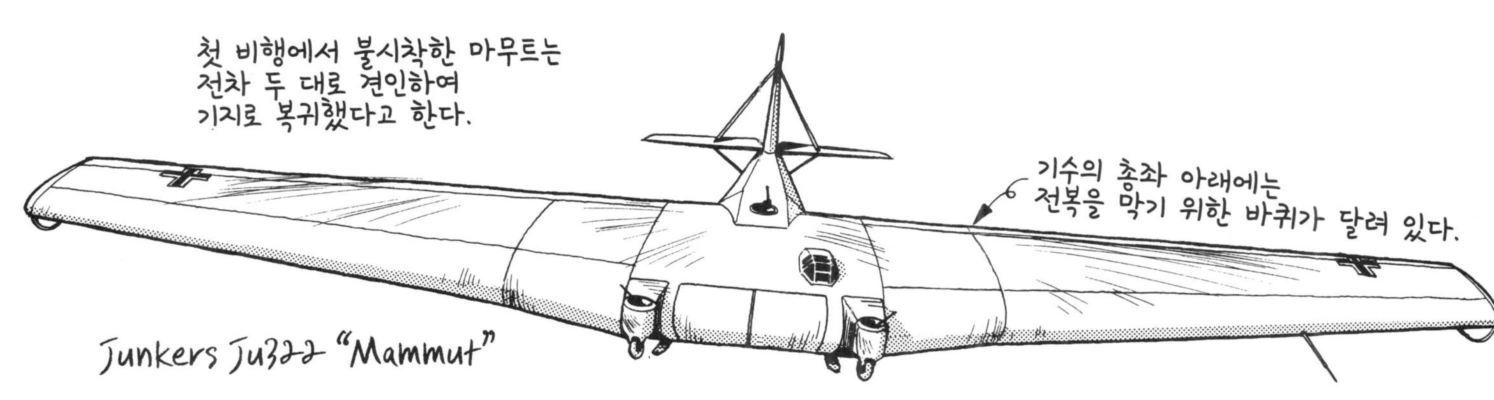

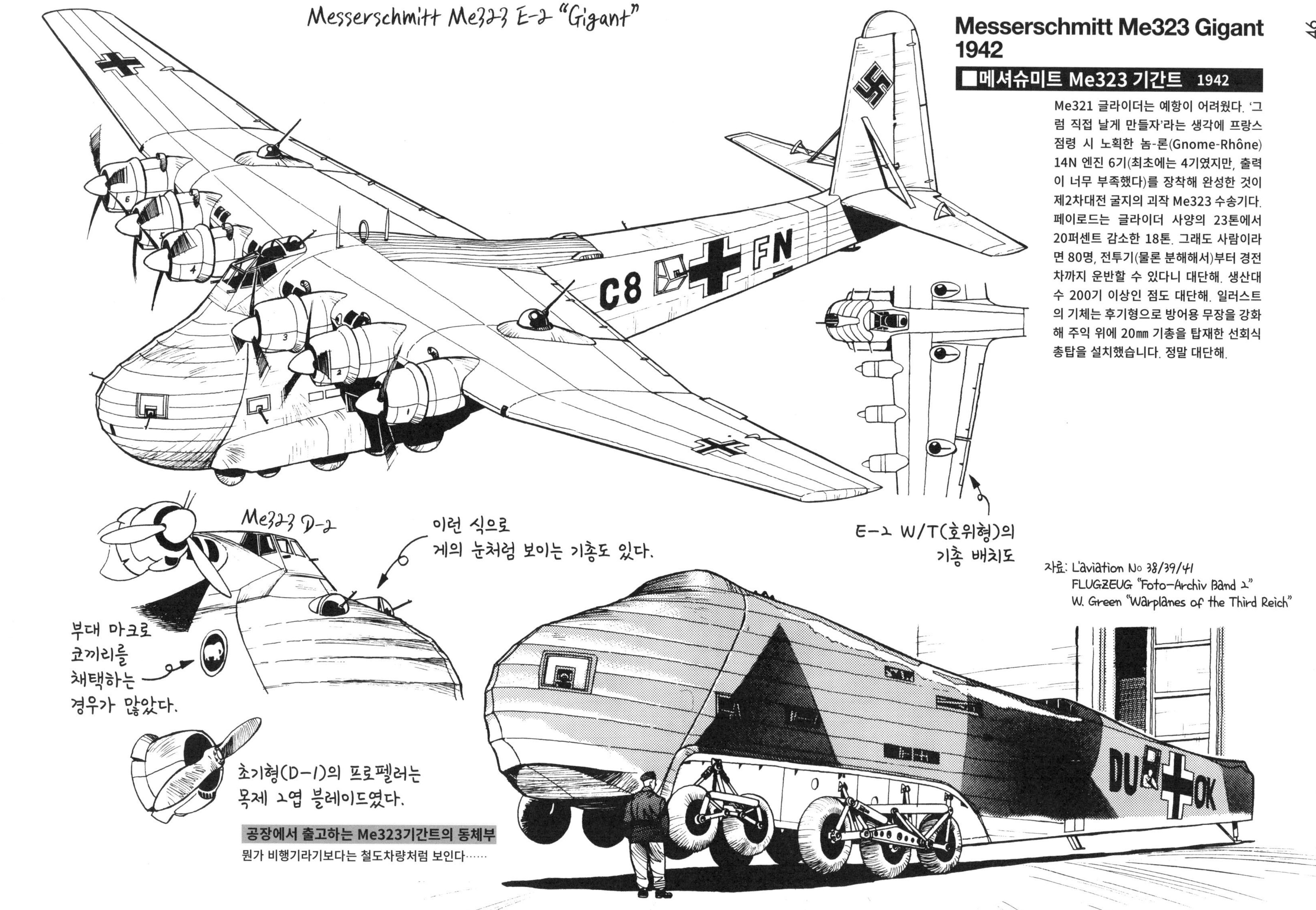

Messerschmitt Me323 Gigant 1942

■메셔슈미트 Me323 기간트 1942

Me321 글라이더는 예항이 어려웠다. '그럼 직접 날게 만들자'라는 생각에 프랑스 점령 시 노획한 놈-론(Gnome-Rhône) 14N 엔진 6기(최초에는 4기였지만, 출력이 너무 부족했다)를 장착해 완성한 것이 제2차대전 굴지의 괴작 Me323 수송기다. 페이로드는 글라이더 사양의 23톤에서 20퍼센트 감소한 18톤. 그래도 사람이라면 80명, 전투기(물론 분해해서)부터 경전차까지 운반할 수 있다니 대단해. 생산대수 200기 이상인 점도 대단해. 일러스트의 기체는 후기형으로 방어용 무장을 강화해 주익 위에 20mm 기총을 탑재한 선회식 총탑을 설치했습니다. 정말 대단해.

자료: L'aviation No 38/39/41
FLUGZEUG "Foto-Archiv Band 2"
W. Green "Warplanes of the Third Reich"

공장에서 출고하는 Me323기간트의 동체부
뭔가 비행기라기보다는 철도차량처럼 보인다……

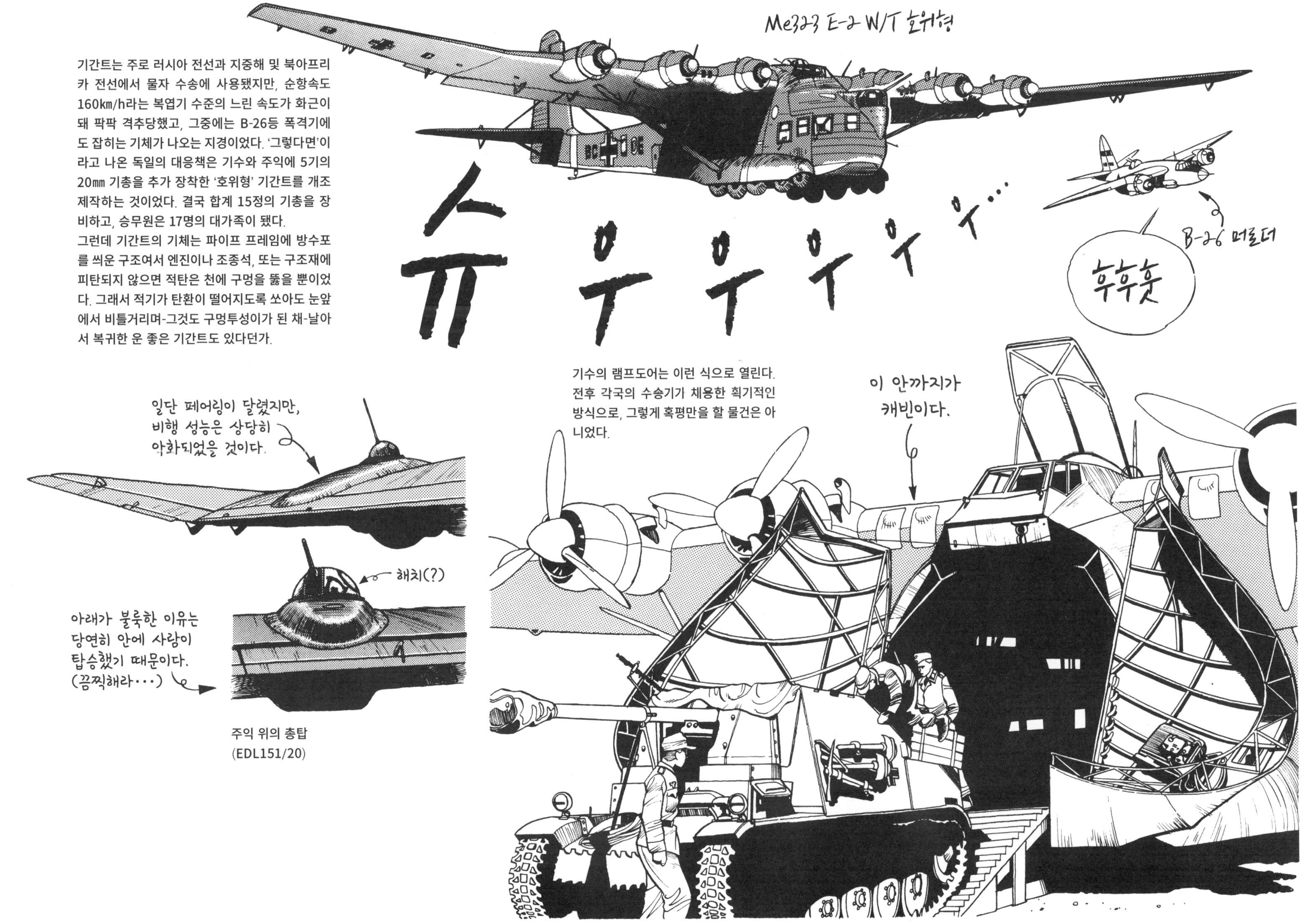

Me323 E-2 W/T 호위형
기간트는 주로 러시아 전선과 지중해 및 북아프리카 전선에서 물자 수송에 사용됐지만, 순항속도 160km/h라는 복엽기 수준의 느린 속도가 화근이 돼 팍팍 격추당했고, 그중에는 B-26등 폭격기에도 잡히는 기체가 나오는 지경이었다. '그렇다면'이라고 나온 독일의 대응책은 기수와 주익에 5기의 20mm 기총을 추가 장착한 '호위형' 기간트를 개조 제작하는 것이었다. 결국 합계 15정의 기총을 장비하고, 승무원은 17명의 대가족이 됐다.
그런데 기간트의 기체는 파이프 프레임에 방수포를 씌운 구조여서 엔진이나 조종석, 또는 구조재에 피탄되지 않으면 적탄은 천에 구멍을 뚫을 뿐이었다. 그래서 적기가 탄환이 떨어지도록 쏘아도 눈앞에서 비틀거리며-그것도 구멍투성이가 된 채-날아서 복귀한 운 좋은 기간트도 있다던가.
슈 우 우 우 우…
B-26 머로더
후후훗
기수의 램프도어는 이런 식으로 열린다. 전후 각국의 수송기가 채용한 획기적인 방식으로, 그렇게 혹평만을 할 물건은 아니었다.
이 안까지가 캐빈이다.
일단 페어링이 달렸지만, 비행 성능은 상당히 악화되었을 것이다.
해치(?)
아래가 불룩한 이유는 당연히 안에 사람이 탑승했기 때문이다. (끔찍해라···)
주익 위의 총탑 (EDL151/20)

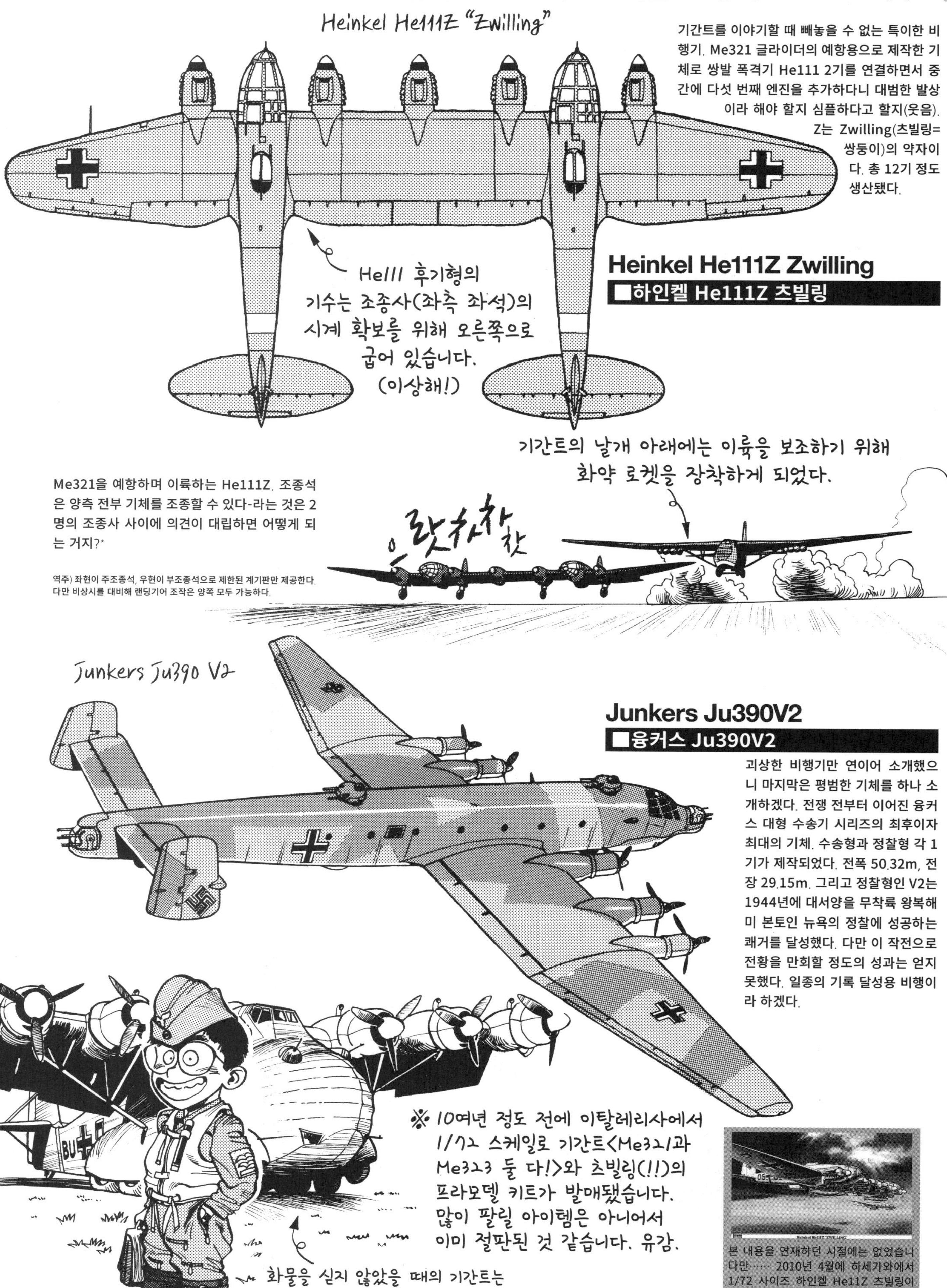

기간트를 이야기할 때 빼놓을 수 없는 특이한 비행기. Me321 글라이더의 예항용으로 제작한 기체로 쌍발 폭격기 He111 2기를 연결하면서 중간에 다섯 번째 엔진을 추가하다니 대범한 발상이라 해야 할지 심플하다고 할지(웃음). Z는 Zwilling(츠빌링=쌍둥이)의 약자이다. 총 12기 정도 생산됐다.

Heinkel He111Z Zwilling
■ 하인켈 He111Z 츠빌링

Me321을 예항하며 이륙하는 He111Z. 조종석은 양측 전부 기체를 조종할 수 있다-라는 것은 2명의 조종사 사이에 의견이 대립하면 어떻게 되는 거지?*

역주) 좌현이 주조종석, 우현이 부조종석으로 제한된 계기판만 제공한다. 다만 비상시를 대비해 랜딩기어 조작은 양쪽 모두 가능하다.

Junkers Ju390V2
■ 융커스 Ju390V2

괴상한 비행기만 연이어 소개했으니 마지막은 평범한 기체를 하나 소개하겠다. 전쟁 전부터 이어진 융커스 대형 수송기 시리즈의 최후이자 최대의 기체. 수송형과 정찰형 각 1기가 제작되었다. 전폭 50.32m, 전장 29.15m. 그리고 정찰형인 V2는 1944년에 대서양을 무착륙 왕복해 미 본토인 뉴욕의 정찰에 성공하는 쾌거를 달성했다. 다만 이 작전으로 전황을 만회할 정도의 성과는 얻지 못했다. 일종의 기록 달성용 비행이라 하겠다.

본 내용을 연재하던 시절에는 없었습니다만…… 2010년 4월에 하세가와에서 1/72 사이즈 하인켈 He11Z 츠빌링이 정식 발매가 아닌 한정 키트로 발매됐습니다.

독일 공군 파일럿 군장
LUFTWAFFE Uniforms

서부전선에서 동부전선으로, 혹서의 지중해부터 눈보라가 몰아치는 북빙양까지 여러 전장의 하늘에서 싸운, 한때 유럽의 하늘을 제패하기 직전까지 갔던 독일 공군 조종사의 유니폼을 여기서는 컬러 일러스트로 해설하겠다.

Bomber crew, France, 1940

1. 폭격기 승무원
프랑스/1940년

Ju88A의 장교 승무원(소위). 입고 있는 것은 전쟁 전부터 사용되던 여름용 커버올(Coverall: 원피스 비행복)형 비행복으로 착용의 편의를 위해 오른쪽 어깨에서 왼쪽 허리까지 연결되는 커다란 지퍼가 달려 있다(가랑이 부분의 지퍼는 소변용). 양팔의 소매에는 소위 약장이 있다. 장교용 약모에는 육군과 같이 접어 올린 부분을 은색(알루미늄) 테두리로 장식했다. 검은색 가죽제 비행용 장화는 목 부분이 스웨이드(가죽 겉면을 제거한 부드러운 가죽. 일명 세무)로 좌우 양쪽에 지퍼가 있으며 목 상단과 발등 부분에 버클이 있어 꽉 조일 수 있다. 가스 팽창식 구명조끼는 기낭이 등에도 있는 초기형. 왼쪽 아래 탄산가스 봄베의 벨브를 돌리면 팽창하는 물건으로 시간이 지나면 가스가 점점 빠져나가 부력을 잃을 경우 왼쪽 가슴의 튜브를 통해 공기를 불어넣을 수 있다.

Fighter pilot, Cherbout-West, France, October 1940

2. 전투기 조종사
프랑스 서 셸부르 비행장/1940년 10월

새 장교용 제식모(부사관에서 승진)를 쓴 제2전투항공단(JG2) 베르너 마홀트(Werner Machold) 소위. 초기의 전열식 커버올형 비행복을 입고 있다. 외관은 그림1의 여름용 비행복과 비슷하지만, 합성섬유제 털옷깃과 양 소매의 바로 위와 무릎 아래에 있는 전열선의 커넥터로 구별된다. 커넥터는 스냅식으로 마찬가지로 전열식의 비행용 장갑과 장화에도 연결하게 되어 있다. 가스팽창식 구명조끼는 신형으로 기낭은 전면과 목 뒤에 둘러지는(일명 호스칼라(멍에)) 형태다. 이것은 등쪽에 1인용 구명보트백을 추가로 달게 되면서 걸리적거리지 않게 변경됐다. 구명조끼 오른쪽 아래에는 해상에 불시착할 경우 사용하는 염료 마커 주머니가 묶여 있다. 왼쪽 무릎 아래, 장화 위에 묶여 있는 것은 신호탄을 수납한 탄띠다. 독일 공군기의 콕핏에는 기체 밖으로 통하는 신호탄 발사구가 있어 이곳을 통해 조종사가 휴대한 조명탄 발사기로 신호탄을 쏠 수 있게 되어 있다.

Fighter pilot, France, 1941

3. 전투기 조종사
프랑스/1941년

탑승기인 Bf109F-2의 프로펠러에 기대고 포즈를 취한 JG2 소속의 브루노 스톨레(Bruno Stolle) 중위. 검은색 가죽제 재킷과 트라우저(제복 바지)를 입고 있지만, 이것은 공군 지급품이 아니라 시판되는 모터사이클용 라이더 수트로 보인다. 대전 전기의 정규 비행복에는 가죽 재킷이 없기 때문에 이처럼 자비로 민수품 가죽 점퍼 등을 구입해 애용한 전투기 조종사가 적지 않았다고 한다. 거기다 어떤 경로로 입수했는지 연합군 조종사가 입던 가죽제 비행 재킷을 애용하는 강심장들도 있었다. 어쨌든 중위의 구명조끼와 비행용 장화는 정규 지급품이며 왼쪽 허벅지에는 투명 비닐 커버의 맵 홀더가, 오른쪽 다리에는 신호탄 탄띠가 묶여 있다. 구명조끼의 공기주입 튜브 홀더에 달려 있는 것은 불시착시의 서바이벌용 리스트 나침반(손목시계형 나침반)으로 자료사진에는 없지만 전형적인 장비품이어서 참고로 그려 넣었다.

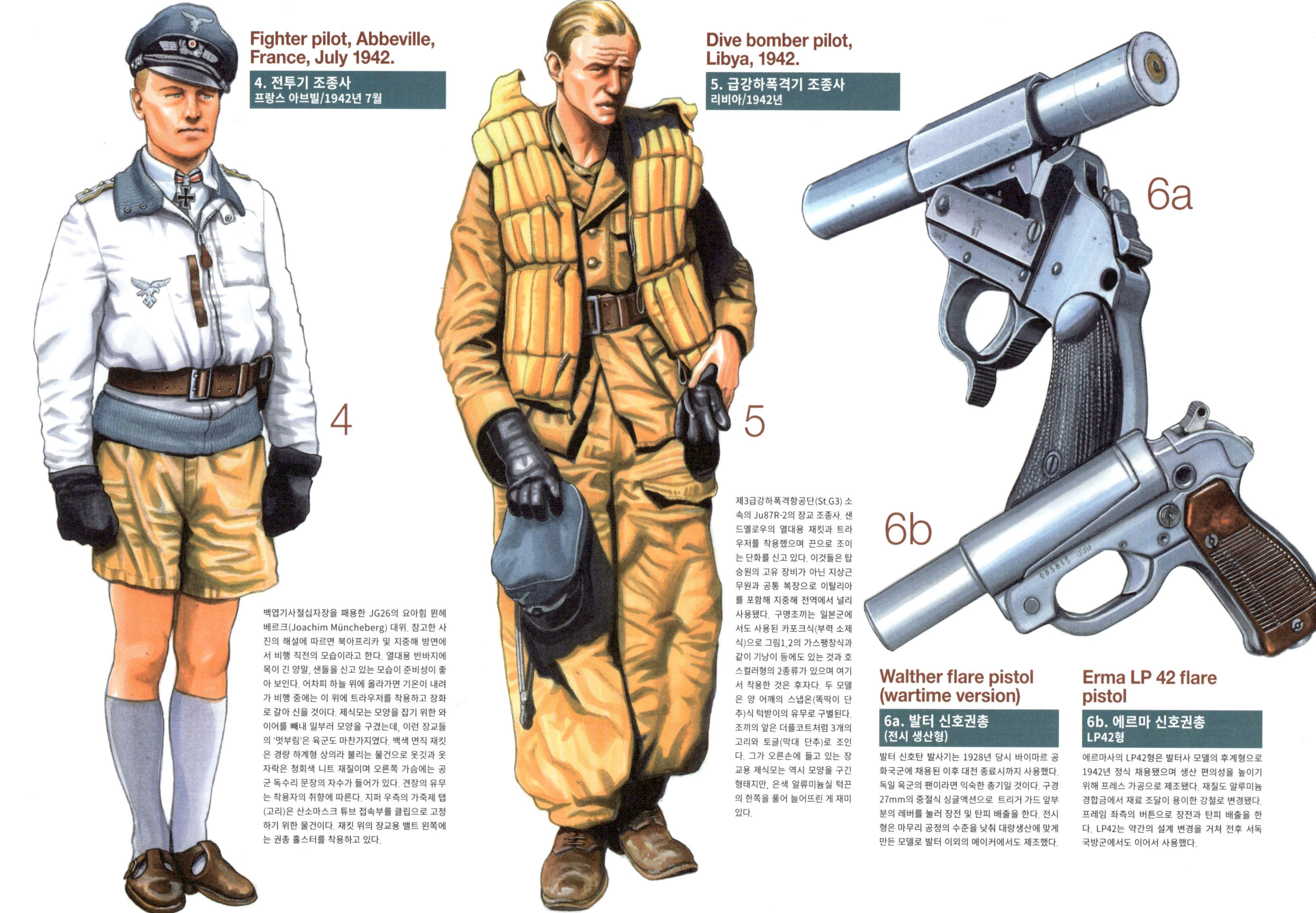

Fighter pilot, Abbeville, France, July 1942.

4. 전투기 조종사
프랑스 아브빌/1942년 7월

백엽기사철십자장을 패용한 JG26의 요아힘 뮌헤베르크(Joachim Müncheberg) 대위. 참고한 사진의 해설에 따르면 북아프리카 및 지중해 방면에서 비행 직전의 모습이라고 한다. 열대용 반바지에 목이 긴 양말, 샌들을 신고 있는 모습이 준비성이 좋아 보인다. 어차피 하늘 위에 올라가면 기온이 내려가 비행 중에는 이 위에 트라우저를 착용하고 장화로 갈아 신을 것이다. 제식모는 모양을 잡기 위한 와이어를 빼내 일부러 모양을 구겼는데, 이런 장교들의 '멋부림'은 육군도 마찬가지였다. 백색 면직 재킷은 경량 하계형 상의라 불리는 물건으로 옷깃과 옷자락은 청회색 니트 재질이며 오른쪽 가슴에는 공군 독수리 문장의 자수가 들어가 있다. 견장의 유무는 착용자의 취향에 따른다. 지퍼 우측의 가죽제 탭(고리)은 산소마스크 튜브 접속부를 클립으로 고정하기 위한 물건이다. 재킷 위의 장교용 밸트 왼쪽에는 권총 홀스터를 착용하고 있다.

Dive bomber pilot, Libya, 1942.

5. 급강하폭격기 조종사
리비아/1942년

제3급강하폭격항공단(St.G3) 소속의 Ju87R-2의 장교 조종사. 샌드옐로우의 열대용 재킷과 트라우저를 착용했으며 끈으로 조이는 단화를 신고 있다. 이것들은 탑승원의 고유 장비가 아닌 지상근무원과 공통 복장으로 이탈리아를 포함해 지중해 전역에서 널리 사용됐다. 구명조끼는 일본군에서도 사용된 카포크식(부력 소제식)으로 그림1,2의 가스팽창식과 같이 기낭이 등에도 있는 것과 호스컬러형의 2종류가 있으며 여기서 착용한 것은 후자다. 두 모델은 양 어깨의 스냅온(똑딱이 단추)식 턱받이의 유무로 구별된다. 조끼의 앞은 더플코트처럼 3개의 고리와 토글(막대 단추)로 조인다. 그가 오른손에 들고 있는 장교용 제식모는 역시 모양을 구기기 형태지만, 은색 알류미늄실 턱끈의 한쪽을 풀어 늘어뜨린 게 재미있다.

Walther flare pistol (wartime version)

6a. 발터 신호권총
(전시 생산형)

발터 신호탄 발사기는 1928년 당시 바이마르 공화국군에 채용된 이후 대전 종료시까지 사용했다. 독일 육군의 팬이라면 익숙한 총기일 것이다. 구경 27mm의 중절식 싱글액션으로 트리거 가드 앞부분의 레버를 눌러 장전 및 탄피 배출을 한다. 전시형은 마무리 공정의 수준을 낮춰 대량생산에 맞게 만든 모델로 발터 이외의 메이커에서도 제조했다.

Erma LP 42 flare pistol

6b. 에르마 신호권총
LP42형

에르마사의 LP42형은 발터사 모델의 후계형으로 1942년 정식 채용됐으며 생산 편의성을 높이기 위해 프레스 가공으로 제조됐다. 재질도 알루미늄 경합금에서 재료 조달이 용이한 강철로 변경됐다. 프레임 좌측의 버튼으로 장전과 탄피 배출을 한다. LP42는 약간의 설계 변경을 거쳐 전후 서독 국방군에서도 이어서 사용했다.

Ground crew, near Caen, France, June 1940

8. 지상요원　프랑스 캉 근교/1940년 6월

제52전투항공단(JG52) 소속의 정비병(이등병)은 Bf110C 옆에 앉아 기체의 수리가 아니라 양말을 수선하고 있다. 지급품인 군화 대신 사제 캔버스 운동화를 신고 있고, 착용한 복장은 정비원용의 흑색 커버올형 작업복이다. 그밖에 재킷과 트라우저로 구성된 투피스형 작업복도 있고 색도 흑색, 라이트 그레이, 블루 그레이도 있지만, 보통은 오일과 진흙에 더러워져 새카매지다 보니 독일 공군의 정비병은 '슈바르츠만(검은 사람)'이라는 별명이 붙었다.

Bomber pilot, Eastern Front, July 1943

7. 폭격기 조종사　동부전선/1943년 7월

고고도에서 정찰비행 임무 중인 Ju88 조종사. 가죽제 동계용 비행모에 3점 지지식의 산소마스크를 착용하고 있다. 이 마스크는 호스 내부에 결빙을 방지하는 매커니즘이 적용된 신형으로 상부 스트랩을 생략한 2점 지지식 타입도 있다. 고글은 40년 여름 무렵부터 사용하기 시작한 경량 콤팩트형으로 독일 공군 특유의 디자인이다. 비행모에는 좌우 양측에 각각 1조, 합계 2조의 턱끈과 버클이 있지만 조인 채로 장시간 비행하기에는 갑갑해서 이 조종사는 둘 다 풀고 있다.

Fighter pilot, Kurland, Eastern Front, fall 1944

9. 전투기 파일럿
동부전선 쿠를란트/1944년 가을

9

JG51 본부중대 소속의 메르벨러(Merbeler) 중사. 탑승기인 Fw190A-8 '흑색 12'호기의 옆에서 정비원의 도움을 받으며 낙하산을 착용하고 있는 모습. 전선이 발트해에 면해 있어 구명조끼를 착용하고 있다. 독일 공군의 비행복은 1940년 봄 무렵부터 기존의 커버올형 대신에 투피스형이 채용되기 시작해 통칭 '채널(해협) 수트'라 불렸다. 이것은 크게 하계육상비행용(블루 그레이), 하계지중해 비행용(샌드 옐로우), 동계해상비행용(블루 그레이 또는 백색)의 3종류가 있으며 중사가 입은 것은 하계육상용 상하의이다. 트라우저의 특징은 양 허벅지 위에 커다란 주머니(좌측이 조금 더 크며 여기에 신호탄 발사기를 수납했다)가 있고, 우측 옆구리에 위에서부터 포켓 권총용, 소도구용, 신호기용의 3개의 작은 주머니가 나란히 있다. 그리고 슬릿포켓(세로 주머니. 우측에 1개, 좌측에 2개)이 있는 오밀조밀한 디자인이다. 바지통 안쪽에는 커버올형과 마찬가지로 지퍼가 있다. 낙하산은 RH12B라 불리는 타입으로 알루미늄제 트레이에 수납된 독일 공군 특유의 디자인이다. 낙하산 가방이 엉덩이 부분에 있는 것처럼 보이나 하네스를 장착할 때 정비원이 다시 트레이에 세팅한다. 낙하산 하네스는 중앙에 퀵릴리스 버클이 있는 각국 공군에서 공통된 디자인으로 왼쪽 옆구리에 낙하산 개방용 립코드를 당기는 손잡이가 있다.

Bomber crew, France, summer 1944

10. 폭격기 승무원
프랑스/1944년 여름

10

제40폭격항공단(KG40) 소속의 He177A 폭격기 승무원. 보르도-메리냑 기지에서 출격 전에 기체 옆의 다른 승무원과 회의 중 메모판에 무언가 쓰고 있다. 하계 육상용 해협 수트 상하의에 호스컬러형 구명조끼를 착용, 가슴 부근에 산소마스크를 걸었고 왼팔에는 리스트 컴퍼스를 차고 있다. 이것이 리스트 컴퍼스의 정식 착용법이지만 전투기 조종사들은 앞서 설명한 불시착/낙하산 강하 시 서바이벌용으로 구명조끼(그림3・9)나 허리 벨트(그림14)에 착용했다. 비행복의 지퍼는 물자부족의 영향으로 금속제에서 백색 플라스틱으로 변경됐다. 그리고 승무원의 체구가 커서인지 아니면 옷 사이즈가 작은지는 모르겠지만 트라우저의 기장이 짧아 부츠가 발목까지 보이는 점에 주목하시길. '군복은 병사에 맞추는 것이 아니라 병사가 군복의 사이즈에 몸을 맞추는 것이다'라는 말은 군대에서 동서고금 불변의 법칙으로 자주 듣는 농담인데 그림의 승무원도 그런 경우인 것 같다. 가죽제 비행모는 턱끈이 없는 독일 특유의 디자인으로 정수리 부분이 메쉬(그물망)로 되어 있는 여름용이지만, 계절과 전역을 가리지 않고 널리 사용됐다. 뒤쪽에 있는 2개의 코드는 하나는 넥마이크에, 또 하나는 무전기(또는 인터컴(내부통신))에 접속한다. 또한 베이클라이트(수지계열 플라스틱)제 리시버 커버의 상단에는 홈이 있어 여기에 고글 벨트를 걸어 벗겨지는 것을 방지하는 구조로, 사소한 부분까지 세심하게 배려했다.

Dive bomber pilot, Eastern Front, winter 1942/43

11. 폭격기 조종사
동부전선/1942~43년 겨울

11

St.G77 소속 Ju87B-2 장교 조종사. 동계용 해협 수트는 크게 천체와 가죽제로 나뉘는데, 여기서 착용한 것은 백색의 양가죽 재킷으로 견장(개급은 소위)이 달려 있다. 해협 수트는 어느 타입이던 대체적으로 공통된 디자인으로(그림 4의 경량 하계형과 상의도 그 배리에이션 중 하나) 동계용은 털옷깃이 달려 있어 쉽게 구별이 된다. 비행용 장화는 전쟁 중기부터 금속 자원 절약을 위해 바깥쪽 지퍼가 없어졌다. 모자는 M1943형 제식모로 육군과 동형이여서 야전모라고도 불린다. 육군형과의 차이는 접어 올린 부분의 고정 단추가 1개(육군형은 2개)라는 점이다. 다만 전쟁 후기에는 육군과 마찬가지로 단추가 2개인 타입을 착용한 모습도 보인다.

**Fighter pilot,
Eastern Front,
October 1942**

12.전투기 파일럿
동부전선/1942년10월 가을

**Night fighter crew,
Northern Germany,
winter 1942/43**

13.야간전투기 승무원
독일 북부/1942~43년 겨울

**Fighter pilot,
Kapfenberg,
Austria, late
spring 1945**

14.전폭기 조종사
오스트리아 카펜베르크
1945년 늦봄

제3야간전투항공단(NJG.3)에 소속된 Do217N 야간전투기의 항공기관사(계급은 상사). 재킷은 동계용 해협 수트의 가죽제 버전으로 백색이다. 트라우저는 마찬가지로 동계용의 천재질 버전으로 색은 청회색. 지퍼는 백색 플라스틱제이다. 척 보기에도 두툼하게 옷을 껴입었는데, 안쪽에 보온을 위해 제복 상하의나 스웨터를 입었을 것이다. 트라우저의 옷단 아래로 비행용 장화의 스트랩과 버클이 보인다. 그가 착용하고 있는 부사관 제식모는 모자챙 위에 있는 턱끈이 가죽제인 것으로 장교용과 구별된다.

대전 종결 직전 제10지상공격항공단(Gch1G.10) 소속 Fw190D-9 부사관 조종사(계급은 중사). 대전 말기 전형적인 단좌기 조종사의 모습이다. 착용한 복장은 동계용 해협 수트의 전열식 버전으로 검은색 가죽제와 청회색 천 재질의 2종류가 있다. 그림2의 커버올형 전열식 비행복과 마찬가지로 좌우 소매와 무릎 아래에 커넥터가 있다. 비행용 장화를 신고 있는데, 전쟁 말기에는 물자 부족의 영향인지 평범한 캔버스 군화를 신고 있는 사례도 적지 않았다고 한다. 리스트 컴퍼스를 부착한 벨트는 부사관용으로 장교용과는 버클의 모양이 달라 쉽게 구분이 가능하다.

JG52 소속의 파울레 로스만(Edmund "Paule" Roßmann) 상사. 하계 육상용 해협 수트 상하의를 입고 있다. 그림 4의 경량 하계형 상의는 이 재킷의 파생형으로 기본 디자인은 거의 동일하다. 이 재킷의 옷단도 니트 재질이다. 상사가 옷단을 트라우저 안에 집어넣어 입은 것은 아마도 트라우저의 사이즈가 너무 커서일 것이다. 이는 바지단이 너무 길어 헐렁거리는 모습을 보면 알 수 있다. 상의 소매의 주름진 모양을 보면 이쪽도 오버사이즈인 것 같다. 추측이지만 전쟁 중기 이후는 보급 사정이 나빠져 자신의 몸에 맞는 사이즈의 제복을 구하기 어려웠을 것이다. 셔츠의 옷깃 사이로 기사십자장이 보인다. 왼쪽 가슴의 뱃지는 공군조종사장이다.

Admiral Scheer
Atlantic Ocean
Oct. 1940 -March 1941

■아트미랄 셰어
대서양/1940년 10월~41년 3월

1940년 10월~41년 3월의 통상파괴작전 시기의 상황. 취역 당시의 '투룸마스트(Turmmast: 타워형 마스트)'라 불리는 함교가 보다 단순한 형상으로 변경됐고, 그 외에 함수를 연장해 세미 클리퍼형(독일 해군에서는 '아틀란틱 바우'라 부름)로 개조, 연돌에는 연기 제거용의 패널캡을 장착했다. 앞뒤의 주포탑 상부는 적색, 상부구조물은 올리브 그린(또는 다크 그레이)의 위장색을 칠했다. 또한 아군 항공기가 식별할 수 있도록 함수과 함미 갑판에 하켄크로이츠(앞 갑판의 마크는 적색 마탕)가 그려져 있다. 이것은 대전 초기의 독일 주력함에서 자주 보이는 도장 사례이다.

차녀 셰어
(가칭함명 B: 발바라)
자매 중에서 가장 완력에 자신이 있다. 상대가 자신보다 약한 경우는 용맹과감하지만, 강할 경우에는 재빨리 도망친다.

■대서양을 종횡무진한 장갑함 3자매

도이칠란트급 장갑함은 3'자매'입니다. 거기에 착안해 '3인조 캐릭터를 만들어 볼까요?' 라고 편집 A씨에게 말했는데, 농담으로 한 말이 진짜로 그리게 됐습니다. '유행에 따라 (웃음) 등에 포탑을 달아 주세요'라는 주문을 받아서 알리바이 증명용으로 '어쨌든 달았습니다'라는 느낌으로 문자 그대로 '갖다 붙인' 모양새가 된 느낌이……. 독자 여러분들은 부디 너그러운 마음으로 웃어 넘기시길 바랍니다.

장녀 뤼초
(가칭함명 A: 앙겔라)
의젓해 보이지만 빈틈투성이. 어째선지 모처럼 잡은 사냥감을 놓치기만 한다. 참고로 소녀 시절에는 스페인의 투우장에 난입, 성난 소를 상대로 덤비다 반격을 당해 엉덩이에 경상을 입은 무용담(?)을 가지고 있다.

3녀 슈페
(가칭함명 C: 크리스타)
응석쟁이 막내딸이어서 귀찮은 일은 피하고 재미만을 쫓는 성격을 가졌다. 자칭 변장의 달인.

크릭스마리네의 상징과도 같은 도이칠란트급 장갑함. 베르사유 조약의 엄격한 제한하에 설계한 도이칠란트급은 전함 이상의 공격력을 겸비한 주력함이다. 여기에 그 활약상을 일러스트를 통해 해설하겠다. 함 이상의 공격력을 겸비한 주력함이다. 여기에 그 활약상을 일러스트를 통해 해설하겠다.

도이칠란트급 장갑함

Lützow
Norwegian Sea 1942

■뤼초
노르웨이해/1942년

1942년 후반의 노르웨이 해역. 전쟁 전에 비해 레이더와 대공화기가 증강된 것 외에도 연돌에 추가된 커다란 패널캡이 눈에 띈다(셰어의 패널캡도 이 시기에 같이 대형화됐다). 또한 함수부도 아틀란틱 바우로 개조했다. 위장색은 검은색에 가까운 다크 그레이(또는 검정)와 백색에 가까운 라이트 그레이(또는 백색)의 2색. 좌우현의 패턴은 비대칭이다. 본함의 함명은 슈페가 자침한 이후 당초의 '도이칠란트'에서 '뤼초'로 변경됐다(프로이센 장군의 이름). 개명의 이유는 '독일'이 바다의 물고기밥 신세가 되는 사태가 벌어진다면 국가의 위신에 손상이 가기 때문이다. 히틀러 총통이 직접 개명을 명령했다는 설도 있다. 희대의 독재자도 바다 위에서는 살짝 소심해지는 듯하다(웃음). 함수의 방패 장식은 독일 통일의 주축인 프로이센 왕국의 국장이다.

세 자매 활약의 궤적

차녀 셰어는 개전 시점에는 오버홀 중이어서 등장이 늦었지만, 1940년 10월 출격해 슈페와 함께 상선을 습격하며 날뛰었다.

하지만 현명한 셰어는 구원해 오는 군함은 상대하지 않았다. 히트&런이 통상파괴전의 기본이다.

발끈한 영국 해군은 전함과 순양함을 보내 추격했지만, 긴 항속거리와 기지를 발휘해 무사히 복귀하는 데 성공했다.

■1939년 12월 라 플라타 만 해전

제2차대전 개전 직전인 1939년 8월 21일에 빌헬름스하펜에서 출격한 다트미랄 그라프 슈페는 남대서양에서 인도양에 걸쳐 상선 사냥을 실시해 비무장 상선(상인?)을 습격했다.

곧바로 영국 해군의 주목을 끌게 된 슈페는 12월 13일, 라 플라타 강 하구에서 영국 순양함과 교전, 손상을 입고 우루과이의 몬테비데오 항구로 도망쳤다. 프위당해 '최후'를 직감한 슈페는 그 자리에서 자침. 전장에서 사라지게 됐다(빨라!).

전쟁 전의 1936년~38년 무렵. 준공시의 셰어는 후속함인 슈페와 동형의 함교를 가져 2척은 상당히 비슷한 함형이었다. 그리고 초기의 특징으로 탐조등을 함교 양현에 2기 장착했다 (개전 직전에 함교 정면에 1기만을 장착하는 방식으로 변경). 또한 전쟁 전의 이 시기, 함미에는 국가 독수리 문장을 조각한 대형 장식을 부착했다. 전후 주포탑에는 국기의 색과 같은 스트라이프가 그려져 있다. 색상은 전면 포탑이 함수에서부터 적백흑, 후면 포탑은 반대 순서로 폭은 각각 약 1미터 정도였다. 이것은 스페인 내전에서 함의 국적을 알리기 위한 도색이었다. 영국과 프랑스 등의 해군 함정도 마찬가지로 식별용 도색을 했으며 뉴트럴리티(neutrality:중립) 스트라이프라고 불렸다. 하지만 나치 독일은 이 전쟁에서 공공연하게 반란군을 지원했고, 요함(僚艦: 엄호함) 도이칠란트는 공화국 공군의 폭격에 직격탄 2발을 맞는 피해를 입었다.

방패 장식에 '스카게라크:Skagerrak'라는 문자가 쓰인 이유는 1916년 5월 31일의 유틀란트 해전(독일 측 호칭 스카게라크 해전)에서 당시 독일 대양함대 총사령관인 라인하르트 셰어 중장의 이름을 함명으로 쓰인 것을 기념하기 위해서였다.

Admiral Scheer North Sea 1936
■아트미랄 셰어 북해/1936년

Admiral Graf Spee
South Atlantic Ocean Sep. 1939
■아트미랄 그라프 슈페
남대서양/1939년 9월

1939년 9월의 대전 발발시부터 12월까지 통상파괴작전 시기의 모습이다.

일러스트는 영국 해군의 순양전함 '리나운'으로 '변장'한 모습으로 함교 앞에 3기째의 주포탑과 캐터펄트 바로 뒤에 2번 연돌을 함에 적재된 자재로 급조한 나무들에 캔버스천을 씌워 간소하게 위장한 모습이다. 함의 기본 도색은 전쟁 전의 표준적인 라이트 그레이 색상. 상부구조물에는 위장색이 칠해졌는데 검정에 가까운 진회색이라는 설과 녹색이라는 설이 있다(《GERMAN POCKET BATTLESHIPS》에서는 진회색 바탕에 작은 회색 또는 녹색 패턴의 위장색을 더했다고 한다). 그리고 함수와 후방의 현측에는 백색의 가짜 파도 무늬가 그려져 있다. 이것은 적이 본함의 속도를 오인하게 만드는 위장 패턴으로 유럽과 미국의 군함에서 자주 보인다. 그리고 함수에 있는 방패 장식의 그림은 슈페 백작가의 문장이다.

■뤼초 1942년 12월/바렌츠해 해전

뤼초는 그간 한 끗 차이로 활약의 기회를 잡지 못했지만, 1942년 12월 드디어 바렌츠해에서 영국 수송선단을 포착했다! 중순양함 아드미랄 히퍼가 호위부대와 교전하는 사이 뤼초는 무방비 상태의 선단에 접근했으나…… 눈보라 때문에 상선을 놓쳐 결국 거의 아무런 피해도 주지 못했다.

제공권을 잃은 독일 해군 수상함은 대전 후반기에는 활약할 기회가 거의 없었다. 동부전선의 육상 포격 지원이나 피난민 구출 임무에 종사하던 셰어도 1945년 4월 9일 밤, 킬 조선소에서 수리 중에 영국 공군의 랭커스터 폭격기의 폭격을 받아 전복되는 최후를 맞이했다.

■아트미랄 슈페의 최후
1945년4월9일

제2부

WWⅡ 연합군편
part 2　WWII Allied Forces

M4 중(中)전차 셔먼
영국군 공수부대
자유 프랑스군
슈퍼마린 스핏파이어
킹 조지 5세

1944년 8월 24일, 파리 해방 당일의 FFI 레지스탕스. 시간을 거슬러 반년 전인 44년 2월, 다가오는 연합군의 반격 작전에 대비해 그때까지 여럿으로 나뉘어 존재하던 저항 조직은 "프랑스 국내군(Forces Françaises de l'Intérieur 약칭 FFI)"으로 통합됐다. 하지만 비공식 무장조직이었기 때문에 보유한 장비는 연합군의 보급품과 독일군에게서 노획한 장비, 그리고 구 프랑스군의 잉여 물자가 혼재했다. 〈파리는 불타고 있는가?〉(1966년 프랑스·미국)라는 영화로도 만들어진 파리 봉기 때의 기록 사진을 보면 휘장을 전부 떼어낸 독일군의 야전복 상의에 톰슨 기관단총과 마우저 소총을 메고 있는 '이도류'의 용사(여성이었다)가 등장한다. 캐릭터의 왼팔에 차고 있는 완장은 국기(삼색기)에 로렌 십자를 그려 넣은 자유 프랑스의 상징이다. 검은 베레모의 뱃지는 FFI 중위 계급장으로 구 프랑스군과 동일하다.

단편 소설 〈마지막 수업〉으로도 알려진 것처럼 역사상 로렌(독일 측 호칭은 로트링겐) 지역은 알자스(독일명 엘자스)와 함께 독일과 자주 분쟁이 일어나는 지역으로 당시에도 프랑스 패전 후 독일 제국령으로 편입됐다. 그런 이유로 로렌 십자가는 자유 프랑스의 상징이 되었다.

M4 중전차 셔먼
Medium Tank M4 Sherman

■ 영연방군 기갑연대의 전술 표식 ■

		A중대	B중대	C중대	본부중대
50	여단사령부 Headquarters. Armoured Brig.				
51	근위척탄병 연대 Grenadier Guards	△	□	○	◇ 적
52	콜드스트림 근위연대 Coldstream Guards	△	□	○	◇ 황
53	아일랜드 근위연대 Irish Guards	△	□	○	◇ 청

빨간 바탕에 흰 숫자

A Squadron B Squadron C Squadron H.Q. Squadron

기갑연대 예하 부대의 호칭은 기병연대에서 유래했다. 참고로 기병 병사는 Soldier라 부르지 않고 Trooper라고 부른다.

아일랜드 근위연대
근위기갑사단 제5기갑여단
네덜란드, 1944년 9월

●파이어플라이의 주포는 상당히 길어서 포탑의 무게 중심이 앞쪽으로 쏠리게 됐다. 또한 발포할 때 포미의 주퇴 거리도 길어서 포탑 내에 무전기를 설치할 여유공간이 없었다. 이 문제를 해결하는 일석이조의 방법으로 무겁고 두터운 장갑판으로 포탑 후면을 연장해 무전기 수납함을 설치했다. 이는 효과적인 해결법이었는데, 파이어플라이의 포신이 길게 뻗어나온 것에 관계없이 결과적으로 포탑 앞뒤의 중량 밸런스가 개선됐고, 추가적으로 포탑의 선회 속도가 오리지널 셔먼보다도 빨라졌다. 다만 수납함의 용접이 허술한 차량은 빗물이 새어들어서 많은 전차병들이 고생했다고 한다.

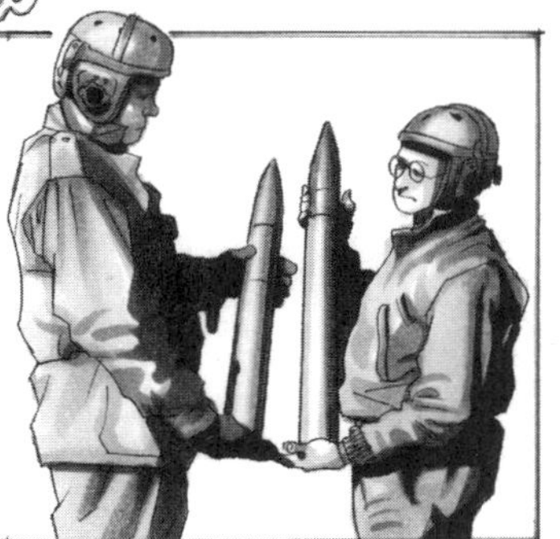

75mm 포탄(좌)와 76mm포탄(우)를 비교해 보면 상당한 차이가 있다. '우리 군의 신형 포는 정말 대단해!'라며 보도진에게 PR하는 그림이다.

파생형이라 말하기는 힘들지만, M4와 연관이 있는 처칠 Mk.4(NA). NA란 북아프리카의 약자로, 그 이름대로 튀니지에서 120대(!)가 개조되었다.

새로 추가한 조준용 잠망경

폭이 좁은 포방패가 특징인 M34형 포가

셔먼의 75mm 포를 포가도 포함해 올렸다.

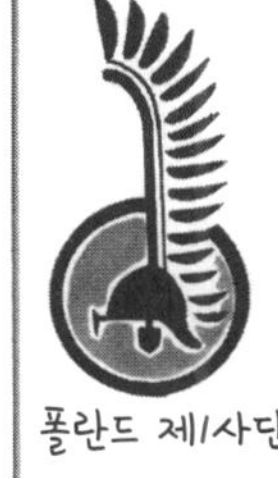

영국군 기갑사단의 부대마크 중에는 이런 것도 있었다.

셔먼5C 파이어플라이

제2(기갑)대대 A중대 소속 차량. '마켓 가든' 작전.

궤도의 접지압을 낮추기 위해 장착한 확장형 엔드 커넥터는 덕빌(Duckbill: 오리주둥이)이라 불렸다. 덕빌은 접지압을 1평방인치당 1kg 정도 감소시켰고, E2 정보(장갑강화형)나 76mm포 장착형 등 차체의 중량이 늘어난 차체에서 자주 볼 수 있었다.

개조 중인 모습. 75mm 포가에 맞춰 필요없는 부분은 과감히 절단한 뒤, 포가를 용접했다.

포수의 위치(왼쪽)에 맞춰 조준용 잠망경의 구멍을 뚫었다.

셔먼과 처칠은 포수와 탄약수의 위치가 좌우 반대다. 그래서 포미 폐쇄기의 위아래를 뒤집어 장착했고(!) 좌우도 바꿔 넣는 막무가내식 개조가 이뤄졌다.

포신을 짧아 보이게 하기 위한 파이어플라이의 독특한 주포 위장색. 독일군이 장포신형을 최우선 목표로 노려서 내놓은 대책이다. 근위기갑사단의 대위가 고안했다고 한다.

더욱 공을 들인 위장의 예시. 포신 중간쯤에 가짜 포구제퇴기를 붙였다.

M4의 약점 중 하나인 폭이 좁은 궤도. 판터라면 아무 문제 없이 통과하는 진창길에서 M4는 진흙에 빠져 행동불능 상태가 되곤 했기에 나름 심각한 문제였다.

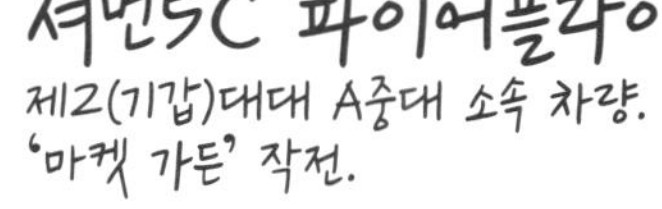

차체기관총 총안구의 장갑 커버. 파이어플라이는 휴행탄수를 늘리기 위해 통신수석을 폐지하고 탄약고를 증설했기에 승무원은 5명에서 4명으로 줄었다. 주포탄수는 원형인 셔먼V가 97발, 파이어플라이는 77발이다.

▼ 미군 전차병의 군장 예시

M1942 기갑부대용 헬멧. 리시버 내장.

넥마이크와 통화 전화용 스위치박스

영화 〈켈리의 영웅들〉에 출연한 클린트 이스트우드도 이것을 입었다. 독계용 야전상의의 토컷(탱크) 재킷은 타 병과 병사들에게도 인기있는 아이템이었다.

커버올 타입 HBT(헤링본 트윌)* 작업복

▼ 영국군 전차병의 군장 예시

검은 베레모는 전차병의 상징

아일랜드 근위연대의 뱃지. 보병부대였지만 41연대부터 종전까지 기갑부대로 개편됐다. 제2대대가 기갑부대로 본래는

위장색 버전도 있는 43년형 전차 승무원용 커버올. 옷깃에서 좌우 양발목까지 2개의 지퍼가 있는 독특한 디자인이다. 통칭 〈픽시(요정) 슈트〉라 불린다.

알아두면 쓸모있는 미군/영국군 셔먼 호칭 일람

M4	→	셔먼I
M4A1	→	셔먼II
M4A2	→	셔먼III
M4A3	→	셔먼IV
M4A4	→	셔먼V
M4	→	셔먼I
컴포지트 헐		하이브리드
76mm포	→	+A(a)
105mm포	→	+B(b)
17파운드 포	→	+C(c)
HVSS	→	+Y

역주) 생선뼈(청어뼈) 패턴으로 촘촘하고 두껍게 짠 천

●다큐멘터리나 영화에서 보면 노르망디 상륙 이후 차례차례 해방된 마을 주민들이 진격해 오는 연합군 병사들에게 토속주나 식사를 대접하는 광경을 쉽게 볼 수 있다. 하지만 반대의 경우도 적지 않아 위의 일러스트에도 소개한 마켓가든 작전에 참여한 아일랜드 근위연대의 파이어플라이 중 1대의 경우 차체 측면에 네덜란드어로 「담배는 없음!!」이라고 크게 적어 뒀다고 한다(웃음). 독일군이 점령지에서 철저히 물자를 징발하는 바람에 주민들은 상당히 궁핍한 생활을 했다고 한다. 그럼에도 연합군 병사들을 맞이한 지역 주민들이 부족한 식량을 내놓으며 해방군을 환대한 것은 바꿔 말하면 독일군의 점령 정책이 그만큼 가혹했다는 증거라 하겠다.

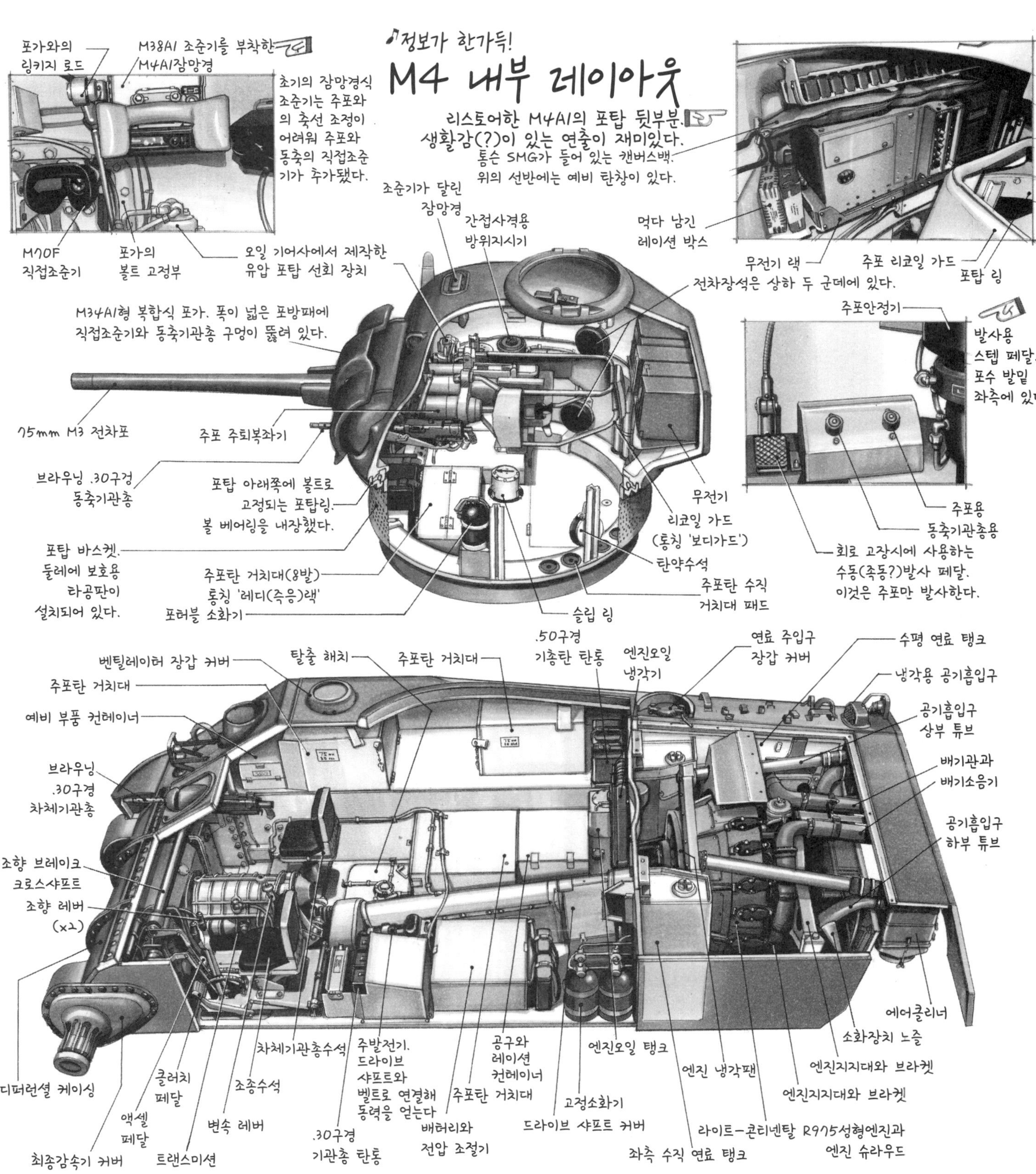

●가솔린과 디젤 중 어느 것이 전차의 연료로 적합한가 라는 질문은 전차 애호가들에게 있어 영원한(?) 논쟁거리라 하겠다. 셔먼은 피탄되면 대부분 화려하게 불타올랐다는 말이 많은 전투 기록을 통해 전해지지만, 사실 가솔린이 인화된 경우보다는 주포탄의 장약에 피탄하면서 발화한 경우가 압도적으로 많다. 위 그림의 내부 레이아웃에서 보이듯이 주요 포탄 적재함은 차체 좌우 측면에 있다-우측에 2개소, 좌측에 1개소-. 거기다 공교롭게도 차체 외부에 포탄 적재함이 있는 위치쯤에 눈에 띄는 백색 별 마크가 그려지는 바람에 독일군에게 절호의 조준 목표를 제공하는 꼴이 됐다.

그래서 응급 조치로 포탄 적재함과 접한 차체 측면에 패치식으로 증가장갑판을 용접해 붙였다. 이를 가리켜 통칭 아플리케 아머(Applique armor)라 한다. 58페이지에서 파이어플라이의 차체 측면을 보면 장갑판을 덧붙인 게 보인다. 다만 그 효과는 상당히 제한적이어서 팬저파우스트 같은 대전차 화기에도 간단히 관통됐기 때문에 셔먼 승무원들은 고민이 끊이지 않았다.

수비도 공격도 강철같은 우리의 전차..가 아니라 믿음직스럽지 않기에...

1번 · 샌드백 쌓기

M4A3(76mm)
제14기갑사단.
1945년 2월.

구조용 강재로 틀을 짜고
바닥판도 만들었다.
품과 시간이 많이
들어가는 작업이었다.

2번. 콩구리로 울끈불끈♪

M4A3E8(76mm)
제12기갑사단. 1945년 2월.

차체에 거푸집을
짜고, 철근을 넣고
콘크리트를 부었다.
속세에서 건축
기술자였던 사람이
있던 게 분명하다!

서스펜션이 엄청나게
가라앉는다

참고로 패튼 장군은
모래주머니 전차를
매우 싫어했다. 자신의
미적 감각에 거슬려서?

차체기관총도 헤드라이트도
모래주머니에 파묻혔다.
이래도 되는 건가?

독일군도 돌격포
등에 콘크리트
장갑을 설치
했었지만,
이쪽은 이미
44년 1월에
실험해 보고
효과가 없음이
판명돼 더 이상
사용하지
말라는
상부의 지시가
떨어졌다.

좌우 라이트 앞에
독일군 헬멧이.
부적같은 건가?

기관총 총안구.
이래서야 눈앞밖에
쏠 수 없겠는데.

장갑판이 아니라
현지에서 구한 평범한
강판같은데···

이곳은 철판을
용접한 듯하다.

4번. 고물상 개업

M4A3(76mm). 제740전차대대.
1945년 2월.

3번. 3단 구조

M4A3(76mm)
제747전차대대.
1945년 1월.

제9군 병기부가
고안한 비책이란—
a)차체에 캐터필러를
용접한다.
b)그 위에 모래주머니를
올린다.
c)위장그물을 덮는다!

이 포신잠금장치는 접을 수나 있을까?

차체기관총과
헤드라이트는 흔적도
찾을 수
없다.

엔드 커넥터

옆에는 통나무 다발을
매다는 경우도 많이 보였다.

앞에는 모래주머니.
당사자들이야 필사적이었을
테니 험담은 실례겠지만
장갑을 강화한 M4는
무엇을 보아도 공사판처럼
보인다. 독일 전차에 비해
엄청 궁상맞아 보이는 건
필자의 편견인가?

5번. 재활용 정신

M4A3E8(76mm)
제3군 제11기갑사단.
이 차량은 패튼 장군 취향의 결정판(?)이다!

손상된 전차에서 장갑단을
잘라내 포탑과 차체 전면에
용접과 볼트로 고정했다.
그중에는 독일 전차의 부품을
사용하는 경우도 있었다.
"내 전차에는 타이거의
장갑이 붙어 있다구!"라며
용기백배했을지도(웃음).
행운의 부적인 말 편자
미신을 믿는 승무원이 있었나보다

편집부의 N씨가 엄청난 관심을 보인 <젖은 탄약고>
(Wet/Liquid Storage)
즉, 습식 탄약고.

추측이지만 아마도
외부 케이스와 내부의
포탄 격납 실린더 사이의

역주) 습식 탄약고는 탄약고 전체에 물을 채우는 게 아니라 양측면과 가운데의 금속제 물통에 물(동파
방지용 글리콜 혼합액)을 채웠다. 그림에서 볼트가 있는 부분이 물통이다. 초기 개발 단계에서는 전체
에 물을 채웠지만 피탄 시 수압에 탄약고의 파손이 심해서 설계가 변경됐다.

●탄약 화재의 근본적인 대책으로 채용된 것이 습식 탄약고다. 위치도 차체 하부로 옮겨졌다. 주로 76mm형에 설치되어 화재 발생률이 대폭 낮아졌지만**, 제로가 되지는 않았다. 왜냐하면 많은 전차병들이 정수 이상의 주포탄을 적재했고, 탄약고에 넣지 못한 여분은 꺼내 놓았다. 그래 놓고는 명중탄을 맞으면 위험하다 말하는 것은 어불성설이라 하겠다. 포탄은 될 수 있는 한 많이 싣고 싶지만, 그러면 목숨이 위험해진다. 이런 셔먼 승무원의 딜레마는 결국 대독일전이 종결될 때까지 해소되지 못했다.

역주) 습식 탄약고를 채용한 뒤 화재 발생률은 60~80%에서 10~15%로 감소했지만, 습식 탄약고여서 화재 발생률이 낮아졌다기보다는 탄약고를 바닥쪽으로 옮긴 것이 더 크게 작용했다.

▽ 글라이더 조종사. 상사. 1944년 6월

크래시 헬멧

이어폰과 마이크가 내장된 마스코는 예인기와의 통화용. 멋이라고는 없는 영국스러운 디자인이다. :)

그밖의 군장은 공수부대원과 같다. 착륙 후, 사지가 멀쩡한 조종사는 철모로 바꿔 쓰고 공수부대 보병으로 전투에 참가하게 된다.

▽ 에어스피드 호르사(Horsa) Mk.1. 사용후의 상태

방향타는 어딘가로 날아갔다.

콕피트는 남아 있지 않다. 파일럿의 운명은?

기체 후방은 폭발볼트로 분리되지만, 이래서야 분명 부러진 것처럼 보인다. 이런 광경을 보면 낙하산 강하 쪽이 더 안전해 보인다.

랜딩기어는 분리 가능. 조종사는 착륙지의 상태를 판단해 하부의 썰매로 착륙하는 것도 가능했다. 하지만 야간 착륙은?!

호르사 Mk.1의 콕피트 내부

나침반
조종륜
캐노피 개폐창
계기판
예항 케이블 분리 레버
랜딩기어 브레이크 레버 조명탄 발사기 레버
방향타 풋 바
에어브레이크 조작 레버
승강타 트림 조절 휠
플랩 조작 레버
랜딩기어 분리 레버

육군 조종사 기장. 공중관측기(Air observation post) 조종사와 글라이더 조종사가 착용했다. 노르망디 상륙 작전에 참가한 어느 글라이더 조종사가 회상하길 '육군 병사라도 비행기에 탈 수 있다!'는 말에 희희낙락하며 지원했더니 비행장에 있는 '엔진이 없는 비행기'를 보고 엄청 실망했다고 한다(웃음).

영국 공수사단의 유명한 '페가수스'기장. 붉은 바탕에 흰색(또는 은색). 역방향 버전도 있다. 멋진 디자인이다!

다. 하지만 반갑게 손을 흔드는 나를 본 소장님은 깜짝 놀라 균형을 잃고 포장도로에서 튕겨나가 도로 끝의 풀밭으로 넘어졌다."
(오카베 이사쿠 번역 <영불해협의 공중전>, 아사히 소노라마 문고)

소장님은 겸연쩍었겠지만, 실제로 눈 앞에 웰바이크가 있다면 누구라도 타고 싶어지지 않을까? 나름 훈훈한 에피소드라 하겠다. 하지만 헬멧은 제대로 쓰자.

저자 주) 세스나와 비슷하게 생긴 단발 고익 정찰기.

붉은 베레모를 착용해서 『붉은 악마』라고 불린 정예, 영국군 공수부대. 여기서는 공수부대 특유의 장비를 일러스트를 통해 소개하겠다. 후반에는 메이드로 변장한 익숙한 얼굴들의 활약도 등장한다.

●웰바이크 여담

데스몬드 스콧(Desmond J. Scott) 저 〈타이푼 파일럿(Typhoon Pilot)〉이라는 책에서 웰바이크에 관한 흥미로운 서술이 있다. 저자는 당시 중령으로 항공단 사령관이었고, '빙고' 브라운 소장이 그의 상관이었다. 때는 노르망디 상륙 작전 직전인 1944년 봄, 장소는 영국 본토의 맨스톤 기지(RAF Manston) 였다.

"소장은 나의 수송 담당 장교가 육군에서 '조달'한 공수부대용 바이크에 큰 흥미를 보였다. 이 육군용 바이크 덕분에 나는 기지 안에서 가장 빠르게 이동할 수 있었다. 이 오토바이는 접으면 오스터(Auster)*에 적재하거나 호커 타이푼(Hawker Typhoon. 전투기)의 날개 아래에 장착하는 특수 제작 장거리용 수납 탱크 안에 넣을 수 있어서 비행기에서 내리자마자 바이크에 올라타고 달릴

수 있었다. 늙은 브라운 소장은 이 바이크가 상당히 마음에 들었는지 내가 눈을 뗀 사이 허락도 없이 타고 사라져 버리고는 했다.

그래서 어느 날 오후 내가 치체스터(Chichester)를 다녀왔을 때, 사령관이 턱이 뺨에 붙을 정도로 몸을 잔뜩 움츠리고 만면에 미소를 띄우며 나의 작은 바이크를 타고 기지 안을 달리는 모습을 보고도 그다지 놀라지 않았

※성주 라 로슈-푸코 공작 부부는 성을 독일군에게 접수 당한 후에도 사용인들과 함께 계속 성에서 거주했다.

●여섯 번째 컷의 '실패한 작전'은 1941년 11월의 '플리퍼(Flipper:물갈퀴)' 작전을 말한다. 아프리카군단 사령관 롬멜 상급대장(당시)을 '납치 또는 암살'하라는 명령을 받은 습격대는 T급 잠수함 2척(토베이(Torbay)와 탈리스만(Talisman))에 나눠 타고 출발했다. 하지만 악천후로 인해 반수 이하인 27명의 대원만이 상륙할 수 있었고, 실행 부대의 18명은 잘못된 정보로 인해 롬멜 사령부와는 아무 관계도 없는 리비아 모처의 시설을 습격하고 만다. 그 결과 실행부대 지휘관은 총격전 끝에 전사하고, 살아남은 대원들은 해안으로 귀환했지만 다시금 악천후로 인해 잠수함으로 철수하는 데 실패했다. 결국 육로로 탈출을 시도했지만 아군 전선까지 도착한 인원은 단 두 명뿐으로, 작전은 참담한 실패로 끝났다.

●작전명 '개프'는 실제로 계획된 작전이었다. 노르망디 상륙 직후 프랑스 국내에서 활동하고 있던 특수부대원이 우연히 롬멜 사령부의 소재지를 발견했다. 영국군 사령부는 그 정보를 토대로 롬멜을 '납치 또는 암살' 하기 위해 SAS(특수공수부대)*여단 소속의 암살 전문팀 7명을 파견한다는 계획을 입안했다. 이 작전을 최종적으로 승인한 사람이 바로 그 몽고메리 장군이라는 설도 있다.

작전의 상세한 내용은 알려지지 않았지만, 라 로슈-기용성의 정원을 산책하는 롬멜을 센강가의 숲(거리 약 400m)에서 저격할 예정이었다고 한다(비밀작전이었기 때문에 해당 작전의 자세한 자료는 남아 있지 않다). 결과적으로 작전 실행 전에 롬멜이 공습을 받아 중상을 입는 바람에 작전은 취소되었다. 이때 실행팀은 이미 프랑스에 잠입했다고도 하고, 출격 전에 작전이 취소됐다는 말도 있다**.

역주1) SAS는 'Special Air Service'라는 이름 때문에 공수부대로 착각하기 쉬우나, 부대의 성격은 일반 공수부대가 아니라 특수작전부대다.
역주2) 차후 공개된 작전보고서에 따르면 암살팀은 1944년 7월 25일 낙하산으로 오를레앙에 잠입했다가 롬멜이 중상을 입어 후방으로 이송됐다는 소식을 듣고 작전을 포기, 도보로 미군 방어선 쪽으로 복귀했다.

핼리팩스 B Mk.6. 영국 공군 No. 34b 비행대대(자유프랑스) "기옌(Guyenne)"
엘빙톤(Elvington)기지, 1944년

H2S 지형 레이더

이런 부대마크를
기수에 그려 넣은 기체도 있었다.

프랑스군의 국적 마크는
영국군과 적-청의 위치가
반대이고, 청색의 색조가
좀 더 밝다.

화려한 붉은 줄무늬가 멋지다

템페스트 5, 영국 공군 No.3 비행대대. 피에르 H. 클로스테르망
대위(자유 프랑스)탑승기, 네덜란드, 1945년 3월

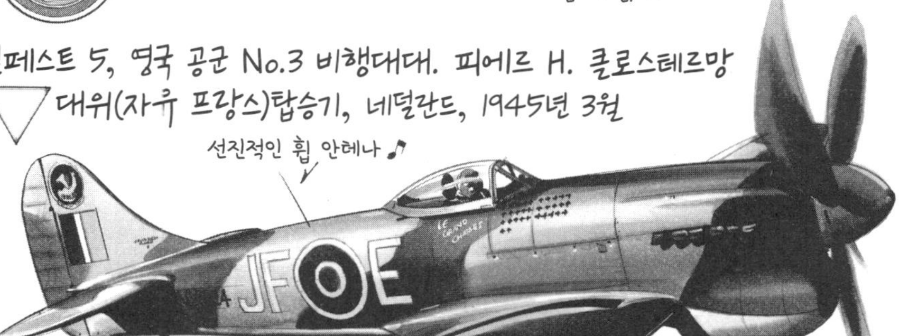

콕피트 우측에 탑승기의 애칭인
'르 그랑 샤를(Le Grand Charles)'과
격추 마크가 그려져 있다. 이 시점의
격추 스코어는 32 대였다.
역주) 최종 기록은 33대이나 정확하지는
않다. 공인격추기록은 11대.
나머지는 비공인, 지상 격파.

Le 18 mars 1942, Pierre Clostermann recoit <Wing Mark> de la R.A.F.

전후 출판된
회고록인 <르
그랑 서커스>는
항공전 매니아
라면 필히
읽어 볼 만한
명저다. 하지만
국내에서 계속
절판 상태인
것은 유감이다.

42년, 영국 공군
훈련생 시절의
클로스테르망 중사.
다음해인 43년에
No.341 비행대
"알자스(Alsace)"
에 배속됐고,
당시 최신예기인
스핏파이어
Mk.9에
탑승했다.

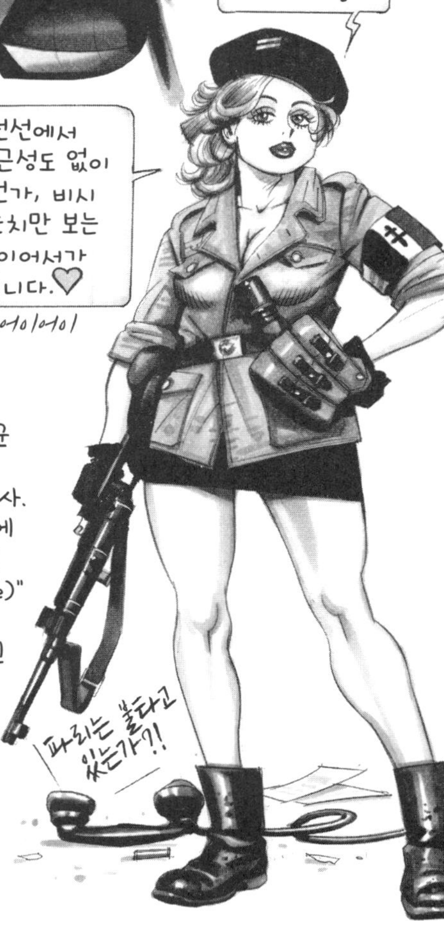

●클로스테르망은 유럽전선 종결 후 곧바로 군에서 제 대했다. 집필한 책이 베스트셀러가 되거나 국회의원에 당선되는 등 프랑스인답게(?) 다재다능했다. 글을 잘 쓰 는 사람은 언변도 유창한 법. 그러다가 뜻하지 않게 구설 수에 휘말리게 되는데 포클랜드 전쟁에서 아르헨티나군 조종사 중에 지인이 있던 클로스테르망은 그들의 '건투 를 기원한다'고 공언하는 바람에 영국인들로부터 심한 비난을 받았다*.

역주) 클로스테르망은 브라질에서 태어나 42년까지 주로 남미와 미국에서 활 동했고 전후에는 반전주의적 행보를 보였다. 그리고 구설수에 오른 것도 클로 스테르망이 국적을 떠나 전투기 조종사들의 분투와 용기에 대해 찬사를 보낸 것을 아르헨티나 정부가 프로파간다에 이용하면서 생긴 문제였다.

Ju88A-4, 제31폭격항공단 "오니(Aunis)" 제대대, 툴루즈, 1944년 10월

프랑스는 대영 항공작전의 근거지여서 독일군이 철수한 후에도 다수의 기재가 온전히 남아 있었다. GB 1/31은 44년 10월부터 45년 4월 30일까지 Ju88을 사용해 폭격/정찰 임무를 수행했다.

기체번호는 노란 원에 검은 글자. 독일이 항복할 때까지 ㄴㄴ대가 배치되어 매회 10대 전후가 출격했다.

방향타는 트리콜로르(프랑스 삼색)다. 모형에 그려 넣으면 돋보인다. ♫

아군이 독일기로 오인하지 않도록 (독일 비행기는 맞지만) 그린 식별용 줄무늬. D데이에 사용한 인베이전 스트라이프와 같은 흑백 줄무늬다.

위장색은 아무리 봐도 독일풍이지만 실제로는 프랑스측이 칠한 것이다. 생산 라인의 기체를 그대로 완성하다 보니 이렇게 됐다.

기체를 배정받은 승무원들은 싫어했다고 한다. 뭐 그 기분은 이해되지만…

그밖에 프랑스군이 다수 운용한 독일제 무기로는 Fw190A(100대분이 넘는 부품이 있었다!)나 판터 전차 등이 있었다.

잠수순양함 <쉬르쿠프> (Surcouf), 1934년

40cm와 55cm 4연장 수상 어뢰 발사관(회전식)*은 상선 공격용이다.

취역 당시 세계 최대의 잠수함이었으며 통상파괴를 주목적으로 건조했다. 그래서 나포한 상선의 선원들을 수용하는 공간까지 설치돼 있었다.

ㄴ0.3cm 연장포는 선회각이 제한적이었다.

세일 후방에는 정찰용 수상기 1대를 분해해서 격납했다. 뭐든 다 집어넣은 종합선물세트 개념의 잠수함이었다 (웃음).

역주) 선수에 55cm 발사관 4문, 선미에 55cm×1, 40cm×2 구성의 3연장 선회식 발사대 2기

닉네임은 해군 구축함의 함명에서 따 왔다.

M10 구축전차, 해병기갑연대 (RBFM; Regiment Blinde de Fusiliers-Marines). 프랑스 제2기갑사단. 1944년 9월

RBFM의 해병들은 장갑 차량에 탈 때에도 수병모를 계속 착용했다. 전차도 군복도 미군 사양인 가운데 적게나마 정체성을 어필했다. 나름 고집이 있다 하겠다.

로베르 C. 쉬르쿠프 함장이 지휘한 사략선 <라 콩피엉스(La Confiance)>, 인도양에서 영국 동인도회사 군함 <켄트(Kent)>를 나포하는 그림. 1800년 4월

라 콩피엉스는 18문의 함포에 승무원 120명이었고, 이에 반해 켄트는 38문의 함포에 육군 병사를 포함해 437명이 탑승하고 있었다. 쉬르쿠프 선장은 나폴레옹 전쟁 시대에 가장 유명한 사략선 선장이었다. 프랑스 해군이 영국 해군과 호각으로 ―승패는 별개로― 싸운 것은 이 시대까지였다. 꽤나 옛날 이야기구만……

쉬르쿠프 선장이 주역인 <바다의 의적>이라는 책을 초등학교 시절에 읽었는데 프랑스의 원서를 아동용으로 각색한 것으로 활극풍의 전개가 재미있었다. 그래서 쉬르쿠프 선장은 나의 어린 시절 영웅 중 1명이었다.**

역주) 소설 주인공이 아닌 실존 인물 로베르 쉬르쿠프는 불법 노예상, 노예 학살, 불법 사략선(해적) 활동 경력이 있는 사람으로, 어린이의 영웅과는 거리가 먼 인물이었다.

●클로스테르망은 국적으로는 분명히 프랑스 시민이지만, 나고 자란 곳은 남미의 브라질이어서 라틴아메리카 사람들에게 친근감을 가지고 있었을 것이다. 클로스테르망의 격추 기록은 33대라 하지만 최근에는 훨씬 적은 20대 전후라 주장하는 사람도 있다. 저자는 그런 반론을 하는 사람들은 영국인일 거라 예상하지만(웃음). 예나 지금이나 영국과 프랑스의 관계는 상당히 복잡하다. 그래서 서로를 왜곡된 시선으로 바라보며 반감을 가지는 것 같다.

▽ 스피트파이어 Mk.5의 자잘한 디테일 편

: 스핏파이어의 형식 중 가장 많이 생산된 Mk.5는 그 후 개발된 형식에서 표준이 되는 몇 가지 마이너 체인지가 있다

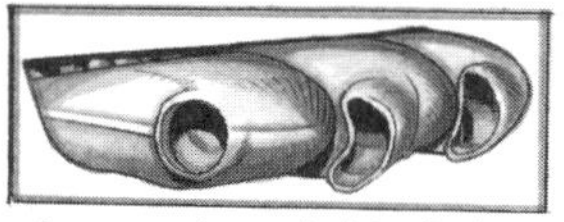
초기형의 배기관. 단면의 형태에서 '키드니(신장)형'이라 불린다.

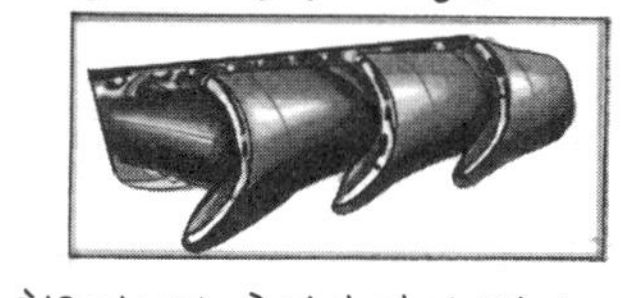
프레임이 추가된 측면 유리창은 평면이 됐다.

두 번째 타입은 통상 '피시테일'형이라 불린다.

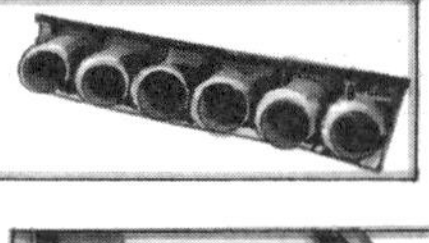
최종적으로는 추진식 단배기관이 됐다. 세계 표준(?)은 이 형태.

패커드 멀린 엔진 장비 Mk.16의 배기관. 심플한 원형 단면은 P-51과 동일한 형태다.

Mk.9의 고정형 방풍창. 프레임 전면에는 김서림을 방지하는 열풍 배출구가 있다. ♪

개량형 캐노피. 방탄유리는 프레임 안으로 옮겨졌다.

가동 방풍유리는 시계 개선을 위해 좌우가 버블 형상이 됐다. 통칭 '말콤 후드'. 참고로 영국군에서는 캐노피의 아크릴 수지 유리를 '퍼스펙스(Perspex)'라고 불렀다.

Mk.1 이후의 캐노피. 고정 방풍창 전면의 방탄유리(두께 38mm)는 프레임 외측에 장착됐다.

좌우 양측면의 유리는 일체형에 곡면형이다.

속도 300km/h, 고도 3,000m를 넘으면 콕피트 내외의 기압차로 인해 탈출 시 캐노피를 열기가 힘들었다. 그래서 긴급 탈출시 (아마 완력으로) 두들겨 부수고 기압을 맞추는 '녹아웃 패널'이 설치됐다. 하지만 다음 형식에서 바로 폐지된 것을 보면 그다지 쓸모가 없었던 모양이다.

승강타의 형태도 바뀌었다. 보다 원활히 작동하도록 바뀌었을 것이다.

Mk.1~
Mk.5 전기

Mk.5
후기 이후

캐슬 브롬위치 항공기 공장(CBAF)에서 생산한 ※ Mk.5는 로톨(Rotol)사제 프로펠러를 장착했다. 3가지 타입이 있었다.

슈퍼마린사와 웨스트랜드사에서 생산한 Mk.5에는 드 하빌랜드의 가변 피치 프로펠러가 장착되었다.

살짝 통통한 금속 블레이드(직경 3.28m)

짧고 동그란 스피너

홀쭉한 느낌의 금속 블레이드 (직경 3.28m)

짧고 뾰족한 스피너

스피너는 같은 모양이다

폭이 넓은 목제 블레이드 (직경 3.12m)

※약 70%의 Mk.5를 생산한 CBAF는 슈퍼마린사와 마찬가지로 빅커스의 계열사였다. 전쟁 전에는 자동차를 생산하는 공장이었다.

스피너가 길고 뾰족하게 바뀌었다. Mk.5는 이 타입이 가장 많다. 왼쪽 일러스트의 기체도 이 프로펠러를 달았다.

3) 적기를 레티클에 포착하면 레티클에서 벗어나지 않게 기체를 조종한다. 여기서 나름 조종 실력이 필요하다.
4) 조준기의 기계식 컴퓨터가 예측사격 각도를 산출한다.

역주) 자이로 조준기는 선회할 때 조준점의 리드(Lead)를 표시하는 역할을 하며 수치 계산을 하지는 않는다.

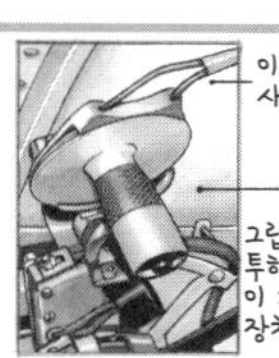
이 전선이 사이트에 연결된다.

그립 끝에는 폭탄 투하 버튼이 있다. 이 기체에는 폭탄 장착용 파일런이 있다.

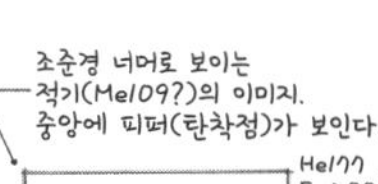
조준경 너머로 보이는 적기(Me109?)의 이미지. 중앙에 피퍼(탄착점)가 보인다.

동일한 기체의 스로틀 레버. 그립을 돌려 조준경의 레티클을 조절한다.

▷ 자이로 조준기 Mk.2D. 스피트파이어 Mk.9에 장착되었다.

목표의 날개폭(윙 스팬)을 설정하는 다이얼과 게이지. 빠르게 조작할 수 있게 게이지(눈금)에 대표적인 독일기의 기종이 기입되어 있다. 다른 숫자는 30피트부터 10피트 단위로 표시된다. (최대 120피트)

초기형 스피트파이어에 탑승(포즈를 취한)
ATA 폴란드 여성 조종사 "바바라" 보이툴라니스
(Stefania Cecylia "Barbara" Wojtulanis)중위

긴급 탈출용이다

이 빨간(!)는

콕피트 도어
장금 레버

영국 전투기 특유의
독특한 조종간 그립.
<스페이드 그립>
이라 불렀다.

랜딩기어
브레이크 레버

이 주름은
미끄럼
방지용이다

기총 발사 버튼. 누를 때 너무 힘을 주면
조종간도 앞으로 밀려 기수가 내려가
조준이 어긋나므로 주의.

이쪽은 C윙 장비기(Mk.9)의 그립이다

7.7mm 기총
발사 버튼
기관포와
기총 동시
발사 버튼

20mm 기관포
발사 버튼
건 카메라
온/오프 버튼

ATA(공수보조비행대:Air Transport
Auxiliary)는 공장에서 완성한 군용기를
전선부대까지 패리하는(또는 그 반대)
임무를 수행했다. 미군에도 같은 부대가
있었으며, 둘 다 많은 민간 여성 조종사가
자원해 근무했다.

스피트파이어 Mk.5B "RF◎D", 제303(폴란드)비행대
"코시치우슈코", 얀 줌바흐(Jan Zumbach) 대위기.
1942년 7~8월. 영국 커튼 인 린지.

초기형의
고정 방풍창

표준보다 긴 백미러 지지대. 베레랑 조종사는 항상
같은 기체에 탑승하기에 커스텀도 OK였다.

맬컴 후드. 곡면 캐노피에 주목!

격추한 독일기 조종사에게서 노획한(대체 어떻게?!) 1급 철십자장이다!!
나중에 찍힌 사진에서는 어딘가에 떨어트렸는지 두 개의 나사구멍만이
남았다. 아무래도 조종사가 기체에 직접 붙였던 모양이다

나의
길을
가련다

이색적인 스피트파이어 에이스 줌바흐 중령
(최종 계급). 전후에 용병 조종사로 활동한
경험을 바탕으로 <미스터 브라운>(후지 출
판사)이라는 자서전을 냈다. 두말 할 필요
없는 걸작인데, 오래도록 절판이라 아쉽다!

스피트파이어 Mk.5B "RF◎D", 자유프랑스 공군 제2전투항공단 제4대대"일 드 프랑스"
(영국 공군 제340비행대) 베르나르 뒤페리(Bernard Duperier) 소령기. 1942년 7월. 영국 혼처치.

▶자이로 조준기 Mk.2D

전투기의 예측사격은 상당히 어려운 기술이다. 적기의 정면이나 후방에서라면 거리를 눈대중으로 계산해 탄도를 수정할 수 있지만, 경사 방향 -특히 정측면-에서 명중시키기 위해서는 적기의 미래 위치를 예측해 예상 진로 앞의 공간을 노려야만 한다. 이런 예측사격(디플렉션 슈팅)은 천부적 재능이 있는 조종사만이 가능한 달인의 영역에 있는 기술이다. 하지만 재능을 가진 사람이 흔하지는 않기 때문에 공군에서는 평균적인 기량을 가진 조종사라도 예측사격이 가능하게 만들고자 했다. 이를 가능하게 하는 것이 자이로가 내장된 신형 조준기(건사이트) Mk.2D로, 1943년 말부터 양산이 시작됐다. 대전 중 자이로 조준기의 실용화에 성공한 나라는 영국뿐이었고, 미 육군항공대도 Mk.2D를 K-14라는 이름으로 라이선스해 사용한 숨은 걸작이다. 자이로 조준기의 사용법은
1) 먼저 적기의 기종(혹은 눈대중한 날개폭)을 확인 후 조준기 정면의 다이얼을 해당 기종에 맞춘다.
2) 다음은 스로틀 레버(액셀이 아님)의 회전식 스위치를 조작, 유리면에 투영된 레티클의 직경이 적기의 날개폭과 일치하게 조정한다. 이것으로 적기까지의 거리가 자동으로 산정된다.

●스피트파이어의 엔진이 멀린에서 그리폰으로 교체될 당시 프로펠러의 회전 방향이 반대가 된 것이 조종사들을 괴롭혔다. 프로펠러기가 이륙할 때에는 기체가 지면에서 떠오르는 순간 프로펠러의 회전 방향과 역방향으로 관성 모멘트가 작용해 기체가 기울어지기 때문에 방향타를 조작해 기체의 자세를 바로잡아야 한다. 그리폰 스피트파이어는 이 방향타를 움직이는 방향이 좌우 반대가 되었기에 실수로 멀린 스피트파이어와 같은 조작으로 이륙하면 기수가 점점 옆으로 기울다 활주로를 벗어나거나 최악의 경우 기체가 뒤집혔다. 엔진의 마력이 올라가면서 이 모멘트-프로펠러 토크-도 강해졌고, 그만큼 조종하기 어려워졌다.

●영국 전투기 특유의 조종간인 스페이드 그립에서 스페이드(spade)는 농기구인 괭이를 뜻하기에 일본어 문헌에서도 괭이형 그립으로 번역되기도 한다. 그렇지만 실물은 괭이와는 다르니 이래서는 의미를 알 수 없다. 사실 영국에서는 삽이나 대형 스쿱도 스페이드라고 부른다. 즉 삽의 손잡이와 비슷한 형태이기 때문에 이런 이름이 붙은 것이다.

●1943년 2월, 제41비행대(No.41 스쿼드론)에 Mk.5(멀린) 대신 Mk.12(그리폰) 스피트파이어가 배치되면서 조종사들의 긴장감이 높아졌다. 모두들 '그리폰 스피트파이어는 위험하다'는 소문을 들었기 때문이다. 그리고 최초의 Mk.12가 도착한 순간 숨을 죽이고 지켜보고 있던 조종사들은 놀라고 만다. 그 조종하기 어렵다는 소문의 스핏파이어를 '타이거 모스 연습기처럼 우아하게' 착륙시키고 택싱 후 조종석에서 내린 사람은 ATA(항공 수송 보조부대) 소속의 뺨이 발갛게 물든 가냘픈 여성 조종사였다! 그 모습을 본 비행대 지휘관은 "우리들의 자부심은 산산조각이 났다."고 달렸다. 그렇게 18대의 신형 전투기는 전부 여성 조종사들에 의해 무사히 부대에 도착했다. 나름 훈훈한 이야기라 하겠다.

함재 수상기 슈퍼마린 왈러스(WARLUS) 1933년 첫 비행. 635마력, 최대속도 200km/h(!?). 소드피쉬 뇌격기처럼 영국 해군다운 기체지만, 이걸로 급강하폭격까지 시도한 배짱 좋은 사람도 있었다고 한다. 과연 존 불(John Bull)의 나라답다.

제2차 세계대전 개전 당시 영국 해군이 보유한 최첨단 전함이 바로 여기 소개하는 킹 조지 V세급이다. 방어력을 중시한 중후한 모습과 그에 관한 흥미로운 잡지식을 여기서 소개하겠다.

●위의 일러스트에서 보면 소자(消磁) 코일이 선체 외부를 둘러싸고 있다. 이것은 KGV만의 특징으로 다른 4척의 동급함에서는 소자 장치가 선체 내부에 있어 깔끔해 보인다. KGV도 1944년 개장 시 같은 사양으로 장치를 설치해 외부 코일은 없어졌다. 또한 함미에 사각형의 현창(의 커버)이 나란히 있다. 그곳은 사령관용 집무실로 KGV에만 설치된, 다른 함선과의 차별점이다.

●킹 조지 V세는 '킹 조지 더 피프스(the fifth)'라고 읽는다. 하지만 'KGV'라는 약칭은 '케이 지 파이브'라고 발음했다. 살짝 복잡하다(웃음).

역주) 소자 코일은 함선의 자기장을 제거하는 장치로, 위 그림에서 가늘고 긴 띠처럼 두른 것이다. 자기신관을 가진 어뢰, 기뢰 등을 피하는 역할과 함선의 나침반과 전자기기의 오차가 발생하는 것을 막는 용도로 설치됐다.

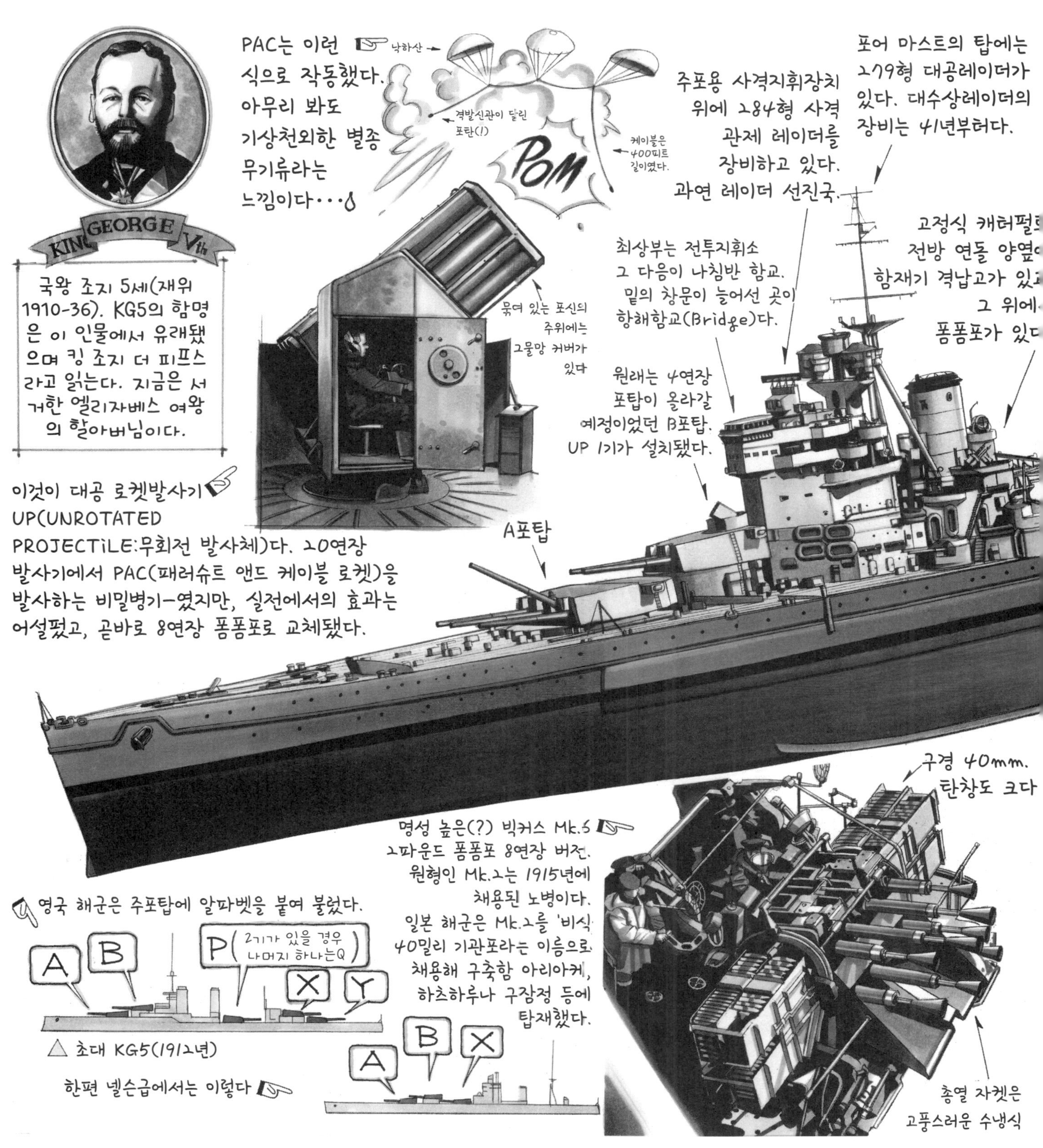

●상기의 각종 앤사인은 사실 범선 해군 시대에는 전부 군함기였다. 17세기 전반에 함대를 전위, 중앙, 후위의 3대로 나누어 각각 백색 전대, 적색 전대, 청색 전대라 칭했던 것이 시초였다. 그 후 해군의 규모가 확대되면서 영국 해군 전체를 적, 백, 청 함대나 전대로 구분해 부르게 됐다.

그리고 지휘관은 중앙이 최선임(아드미럴(admiral)), 다음으로 전위(바이스 아드미럴(Vice Admiral))가 차석, 후위(리어 아드미럴(Rear Admiral))가 3석의 순번을 지녔으며, 이것이 나중에 해군대장(제독), 중장, 소장의 계급 호칭이 됐다. 이 장성 계급도 색으로 나누면 적, 백, 청의 순번으로 위계가 나뉜다. 18세기에서 19세기 초두에 걸쳐서 영국 해군에서는 원수(Admiral of the Fleet) 이하 대중소×적백청, 합해서 10개(!)의 장성 계급이 있었다. 예를 들어 청색 전위제독(Vice Admiral of Blue)의 아래 계급은 적색 후위제독(Rear Admiral of Red)이라는 식이었다. 아무래도 너무 번잡했는지 1864년 함대와 해군 장성을 색으로 구분하는 법칙을 폐지하면서 해군기는 화이트 엔사인만을 쓰게 됐다.

코가 슈토가 쓴 요시하라 마사히로 선생 보고서

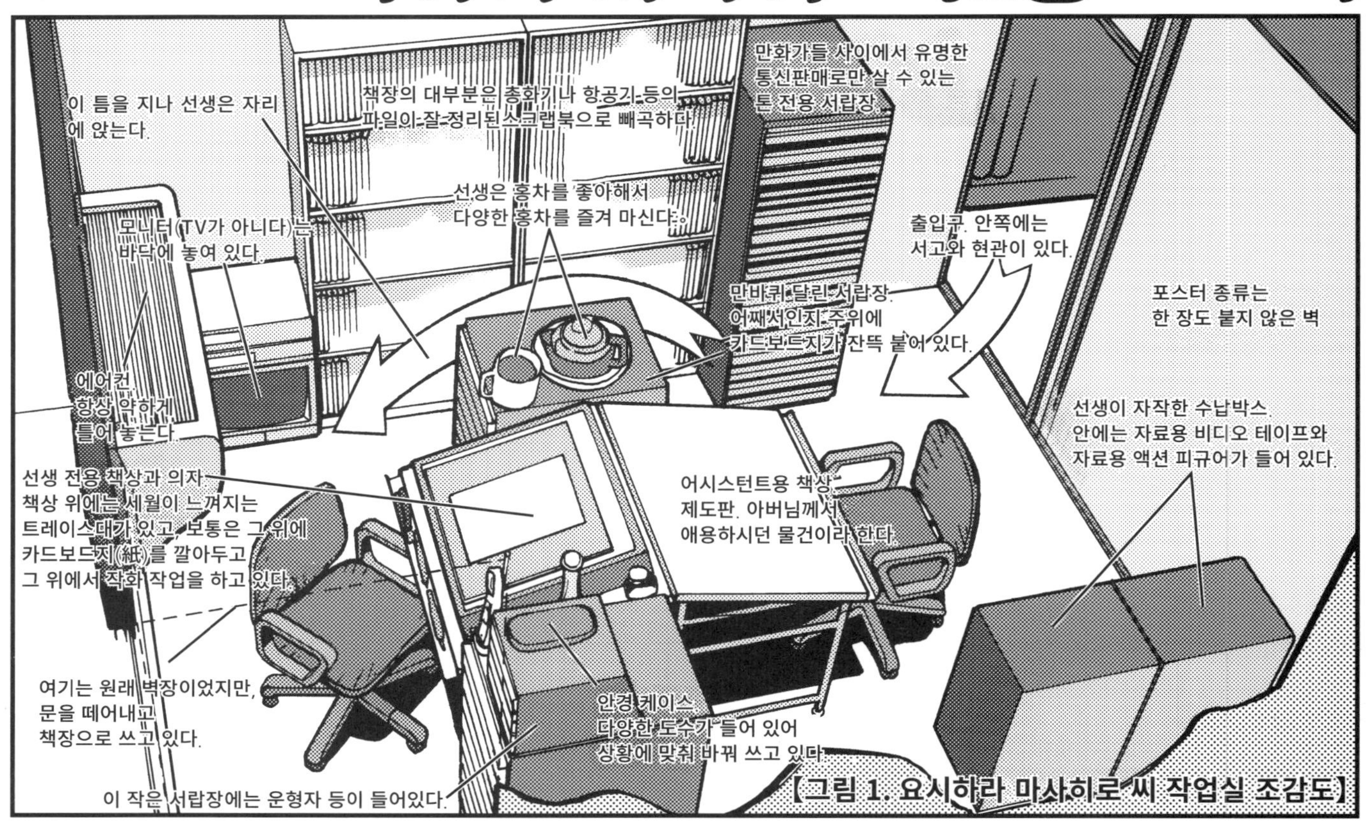

[그림 1. 요시하라 마사히로 씨 작업실 조감도]

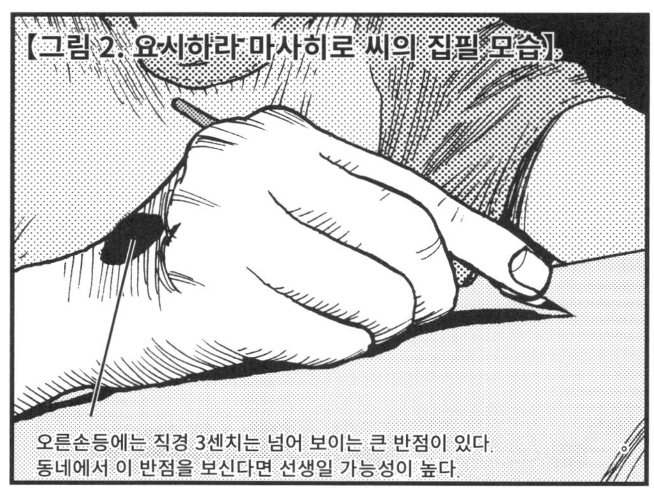

【그림 2. 요시하라 마사히로 씨의 집필 모습】

치밀한 터치, 그것을 구성하는 선에 색기마저 느껴지는 작가 「요시하라 마사히로」. 원숙미를 띠는 지금도 진보하며 나태해지지 않고 있다. …하지만 그림을 그리는 「요시하라 마사히로」 씨 본인과 작화 환경을 보여주는 문헌이나 코멘트는 전혀 없었다. 그래서 이 지면을 빌려 『나』 「코가 슈토」가 요시하라 마사요시 씨(이하 선생이라 칭함) 본인과 그의 작업 환경 등을 기억을 총동원해 보고서 형식으로 그려 보았다. 선생과의 만남은 20세기가 끝날 무렵 개최된 유명 작가가 모인 회식 자리에 누군가의 착오로 내가 참석한 일을 계기로 교분을 나누게 됐다. 얼마 후 선생의 작업실을 구경할 기회를 얻어 방문했는데, 『만화가』의 집에 방문하는 일은 선생의 집이 처음이었다. 백색을 기조로 한 인테리어에 바닥에는 먼지 한 톨 보이지 않을 정도로 구석구석 청소가 돼 있는 『정결한』 방이었다(그림1 참조). 책은 되는대로 쌓아 놓는 것이 당연한 나와는 비교할 수도 없었다. 다음으로 어떤 도구를 사용해 그림을 그리는지를 보면 선생은 「NIKKO」 사제 크롬 도금 펜을 사용하고 있었다. 놀라운 것은 펜을 쥐는 법인데 점점 집필에 열중할수록 펜촉 위에 검지를 붙이고 펜을 바짝 눕히는 이상한 스타일로 그림을 그렸다.

나중에 내가 본 모습을 선생에게 설명하니 무의식적인 행동인지 본인은 자각이 없으셨다(그림2 참고). 더욱 놀라운 것은 커터칼 사용법이었다. 톤을 자르는 움직임이… 신들렸다는 표현이 과장이 전혀 아닐 정도로 엄청난 박력이 있었고, 그림을 고칠 부분을 잘라내고 백지를 끼워넣어 그림을 수정하는 『잘라 붙이기』는 원형커터를 사용한게 아닌가 싶을 정도로 깔끔한 원으로 잘라냈다(그림3 참조). 후일 나도 이 수정 방법을 흉내내 봤지만, 원은커녕 각이 져서 모난 부분이 인쇄에 나와 버리는 실태를 보이고 말았고, 선생이 깔끔하게 원형으로 자른 이유를 알게 된 순간이었다. 타협하는 법 없이 묵묵히 쇠를 두들겨 명검을 만드는 장인과도 같은 선생은 『만화가』라기 보다는 『만화 장인』이라 하겠다. 단행본에 수록된 치밀한 작품들은 선생의 장인과도 같은 숙련된 기법으로 그려낸 것임을 독자 여러분들이 한순간이라도 알아봐 주신다면 정말 좋겠다.

『단행본 발행을 축하드립니다!』.
모자란 후배 코가 슈토 배상.

코가 슈토/도쿄 출신. 스케일 애비에이션, 네이비 아드지(誌)에서 여러 가지 마이너 무기를 필자의 취향을 잔뜩 담아 그리는 〈당신이 모르는 무기〉를 연재 중. 이번에는 친분이 있는 요시하라 마사히로씨의 단행본 간행을 기념해 응원 원고를 그려 주셨습니다. (편집부)

후기

제 일러스트를 모아 한 권의 책으로 엮는다는 이야기를 듣고 이루 말할 수 없이 기쁜 동시에 불안감 또한 커졌습니다. 이곳저곳 출판사에서 장르도 스타일도 심지어 페이지를 넘기며 보는 방향까지(!) 제각각으로 그렸던 것들이 온전히 한 권의 책이라는 형태가 될 수 있는지 저로서는 전혀 자신이 없었습니다.

결과적으로 제 이런 걱정은 기우에 지나지 않았고, 과거, 그리고 현재진행형으로 옥석이 뒤섞인 작품들로 멋지게도 한 권의 책이 나왔습니다. 이것은 전적으로 아트박스 소속 고토씨의 식견과 편집 수완 덕분입니다.

또한 이카로스 출판편집부의 아사이씨에게도 이 자리를 빌려 감사드립니다. 일러스트와 메카닉 해설을 조합해 그려 보지 않겠냐고 제게 제안해 준 분이 아사이씨로 본서에 수록된 킹 조지 5세의 양면 1페이지 일러스트가 그 성과물입니다. 그 후에도 농담 반 진담반인 제 제안을 싫은 소리 하나 없이 받아들여줬고, 덕분에 저의 작업 수비 범위가 상당히 넓어진 느낌입니다.

그리고 제가 KGV 일러스트의 화면 구성을 생각하고 있을 때 힌트를 준 분은 당시 같은 잡지에서-그리고 현재 네이비 야드지에서-연재하고 있던 코가 슈토 선생님으로, 덕분에 좋은 작품이 나올 수 있었습니다. 사실 선생님이라고 격식을 갖춰 부르고 싶지는 않지만… 덧붙여 이번에 바쁜 와중에도 일부러 축전까지 써 주셨습니다.
정말로 감사합니다.
하지만 내용이 좀 과장된 것은 아닌지? 제 몸의 점 크기는 13밀리미터-태어나서 처음으로 재 봤네요-밖에 되지 않습니다. 독자 여러분도 이 점을 감안해 축소해서 읽어 주시면 되겠습니다(코가 선생, 미안해요!).

그럼 제 후기는 이것으로 끝입니다. 고토씨, 거듭해서 신세 진 것에 대해 감사드립니다. 그리고 무엇보다 이 책을 손에 들어 주신 독자 여러분들에게 마음 깊이 감사드립니다.

"정말로 감사합니다!"

2011년 9월, 요시하라 마사히로

추신: 하지만 이 책은 아직 끝이 아닙니다. 이 뒤로는 책 뒷표지 방향부터 읽어 주세요. 즐길거리가 아직 남아 있습니다.

← 이 페이지부터는 권말부터 읽어 주세요.

비겁한 놈들아!!
돌아와서 한 판 붙자!!
우현 주기관도 출력이 절반으로 떨어졌습니다.
젠장!
산 넘어 산이었다!
우현 전방에 함영!!
타란튤라호가 이 절체절명의 위기를 벗어났을 때는 날이 밝아오고 있었다. 그리고-

이탈리아의 초계함 입니다!

전 구역 침수 중
배수해도 여전합니다
여기까진가
...

이렇게 국왕폐하의 독거미호는 독일군 장갑열차를 격파했다는 무훈을 세우고-
그 영예로운 함생에 종지부를 찍었다
우리들의 배에 만세 삼창!!
HIP, hip, Hurray!!
명명명

후의에 감사를 드립니다
아닙니다
선원끼리는 도와야죠

우리쪽보다 그쪽 인원이 더 많을 지경이군요
이야, 과연 듣고 보니 그렇군요

아하하하하

하아?

타란튤라호의 수병들이여! 배를 뺏어라!!
해치워라! 영국 해군의 선조님들은 유서깊은 해적이었다
은혜라곤 모르는 놈들!
히익
사건 다음날인 1943년 9월 8일, 이탈리아는 연합군에게 항복했다.
타란튤라호 승무원들은 노획한 이탈리아군 초계정을 타고 아드리아해 저편의 아군 기지를 목표로 나아갔다.
하지만 그건 또 다른 이야기다
콰
오
쩨꺄 퍼엉
쾅
쩨쌔
퍼흉
베
투다투다
맘마 미아!
월월월

이것으로 이야기는 끝
씰룩
씰룩 씰룩

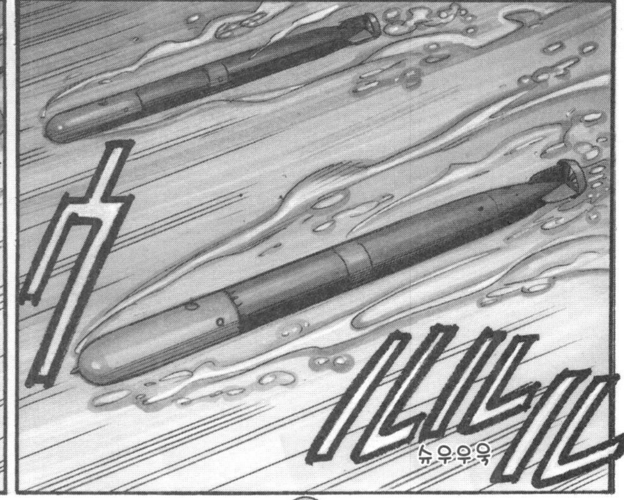

※전간기에 설계된 영국 잠수함은 2번째 컷에서처럼 발사관 바로 뒤에 수밀격벽을 설치해 발사관실을 둘로 분리했다. T급은 겉보기는 허술했지만, 안전면에서는 나름 진보된 면이 있었다(일단은).

이야압
두두두두

좌아아악
크윽! 젠장!

주포 선회 불능!
파편이 끼었습니다!
으윽

화력 차이가 너무 커!
우현 전타! 양현 전속 전진!
투웅
파파팟
피융

좌현 주기관 피탄 손상!
콜록 콜록
끼이이잉!
좌현 기관 정지!
이젠 틀렸어

Recht geschieht euch, Tommies!
(꼴 좋구나 영국놈들아!!)
아하하하하하
Fahrt zur Hoelle!!
(지옥에나 떨어져라)

이래가꼬는 도망도 못 간다
Bloody HELL!!
(젠장할!)

엇?

다리를 건너잡아? 기회야!!
덜컹덜컹
퍼엉

키는 그대로, 침로 320!
함수 뇌격전 준비!!
콰광
펑
슈욱

제원 입력 시작해!

체리엇 모함으로 개조된 T급 '트루퍼'(HMS Trooper). 앞 갑판에 또 1기, 합계 3기의 격납고가 있다. 다른 2척의 T급 '선더볼트'와 'P.311'이 개조됐으며 이 2척의 격납고는 전후 갑판에 1기씩 있었다. 정비 중이던 체리엇을 바로 끌고 나왔기에 발진할 때는 모함이 부상해야만 했다. 그런데 P.311(HMS P.311)은 전체 53척의 T급 중에 홀로 고유명사가 붙지 않았다. 실은 건조를 시작할 때만 해도 '투탕카멘'(HMS Tutankhamen)이란 훌륭한(?) 이름이 있었다. 고대 이집트의 가장 유명한 임금님인 그 투탕카멘왕의 이름이 붙었다. 그런데 진수할 때에는 어째서인지 P.311이라는 계획 당시의 함명으로 되돌려졌다. 투탕카멘이라

하면 '파라오의 저주' 전설이 유명하다보니 해군은 재수가 없다고 생각했을지도. 거기다 T급 제3전대가 31척이나 있었는데 그중 전역한 선박은 이 P.311 단 1척뿐이었다고 한다!! —이건 혹시……!?!

※독일 육군 BP44형 장갑열차의 화력은 표준편성이 75밀리 전차포×2, 37밀리 전차포×2, 105밀리 곡사포×4, 20밀리 4연장 기관포×2, 그 외 소화기 다수. 그 이름대로 사실은 44년에 등장하지만, 만화적 허용인 것으로.

영국 해군에 최초로 잠수함이 취역한 것은 1902년이다. 그러다가 2년 만에 대형 사고가 터지고만다. 1904년 3월 18일, 「A1」(HMS A1)이 수상주행 중에 여객선 「버윅 캐슬」(SS Berwick Castle)과 충돌해 침몰, 승무원 11명 전원이 사망했다. 이 사고를 계기로 해군은 잠수함이 침몰할 경우 승무원이 탈출할 방법과 장비에 대한 연구를 시작했다.

영화 「해저 2만 리」의 한 장면이 아니라 홀 앤드 리스(Hall-Rees) 잠수함 탈출장치를 착용한 C급 잠수함의 승무원들. C급에는 승무원 16명분의 탈출장치를 배치했다. 보는 것처럼 부피가 큰 물건이어서 꽤나 공간을 차지했고, 이런 걸 뒤집어쓰고 좁은 해치를 빠져 나올 수 있을지 의심스러웠다. 실제로 사고가 났을 때 이 탈출장치를 사용한 사례는 없었다. 거기다 이산화탄소(CO_2) 흡착제로 과산화나트륨을 사용했는데 이것은 물과 접촉하면 폭발적인 화학반응을 일으킨다!

홀 앤드 리스식 탈출용 호흡기. 헬멧과 긴소매 상의로 구성돼 있다.

상의의 가슴 부분에 이산화탄소 흡착제 용기가 내장돼 있고, 이것으로 공기를 정화하는 구조다.

부피가 큰 홀 앤드 리스식 대신에 1929년에 채용된 데이비스 잠수함 탈출장치(Davis Submarine Escape Apparatus). 약칭 DSEA. 50년대 후반까지 사용됐다.

고글과 코마개 클립이 세트로 구성돼 있다.

이 백을 산소로 팽창시킨다. 내부의 산소는 호흡과 부상용의 부력을 겸한다.

또한 CO_2 흡수제가 들어간 용기(캐니스터)가 내장돼 있다.

고압 산소병

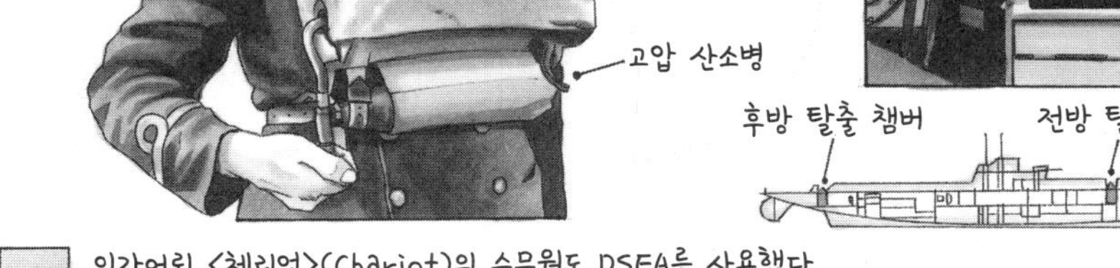

후방 탈출 챔버 / 전방 탈출 챔버

T급 「트리뷴」 함내의 탈출용 챔버. DSEA를 장착한 2명이 안에 들어간 후, 주수를 해서 외부 해수의 압력(수압)과 내부 압력이 동등해지면 상부 해치를 열고 함 밖으로 탈출한다. 해치는 함내에서 조작해 닫는 것이 가능하며 그 후 챔버의 배수가 완료되면 다음 2명이 안에 들어가는 사이클로 탈출한다. 챔버의 출입구는 수밀격벽을 사이에 두고 양쪽 2개소에 있으며 한쪽 구획이 침수되도 다른쪽 구획을 사용할 수 있다. 또한 해치에는 내부의 수( )량을 확인하기 위한 관측창이 붙어있다. 이 탈출해치는 당시 가장 진보된 안전설비였다. 하지만 39년 6월의 「테티스」(HMS Thetis) 침몰사고 후에 해군 당국이 잘못된 판단을 내린 탓에 이후 계획, 건조된 함선에는 폐지됐다.

인간어뢰 〈채리엇〉(Chariot)의 승무원도 DSEA를 사용했다. 현재 쓰는 것과 같은 스쿠버 장비는 없었다. 대전 초기 이탈리아 해군의 인간어뢰 〈마이알레〉(Maiale:돼지)에 쓴맛을 본 영국 해군이 이에 자극받아 개발됐다. 실용성을 의심하는 목소리도 있었지만, 처칠 수상의 적극적인 후원을 받아 계획이 진행됐다. 그리고 독일 전함 「티르피츠」 공격에 사용됐다고 한다.

〈채리엇〉은 기본적으로 〈마이알레〉의 카피판이었다. 승무원 2명으로 운용하며 적함의 함저부(의 해저)에 탄두를 떨어뜨리고 돌아오는 살짝 비효율적인 무기였다. 전장 7.65m.

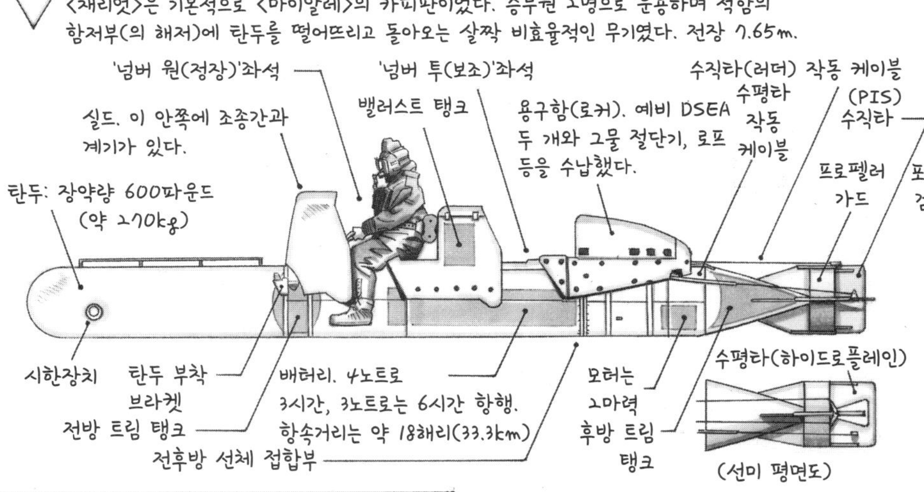

'넘버 원(정장)'좌석

'넘버 투(보조)'좌석

수직타(러더) 작동 케이블 (PIS)

실드. 이 안쪽에 조종간과 계기가 있다.

밸러스트 탱크

용구함(로커). 예비 DSEA 두 개와 그물 절단기, 로프 등을 수납했다.

수평타 작동 케이블

수직타

프로펠러 가드

DSEA도 포함해 전신이 검은색투성이.♩

탄두: 장약량 600파운드 (약 270kg용)

시한장치

탄두 부착 브라켓

전방 트림 탱크

전후방 선체 접합부

배터리. 4노트로 3시간, 3노트로는 6시간 항행. 항속거리는 약 18해리(33.3km)

모터는 2마력 후방 트림 탱크

수평타(하이드로플레인)

(선미 평면도)

스코틀랜드에서 훈련 중인 채리엇과 승무원. 적의 정박지에 잠입할 때는 잠수상태로 주행한다. 이런 모습으로 겨울 바다를 헤치며 노르웨이의 피오르드를 목표로 항해하는 것은 무모한 짓이다. 하지만 42년 11월 그 무모한 짓인 티르피츠 공격작전(암호명 「타이틀」)이 실행됐다. 다만 다행히도(?) 거친 파도에 모선에서 채리엇이 유실돼 작전은 중지됐다. (역주: 어선으로 위장한 모선의 밑바닥에 채리엇 2척을 묶어두고 항해 중 유실) 다음 해인 43년에는 지중해로 전장을 옮겨 여러 차례 작전을 실시했지만, 약간의 전과를 올린데 비해 2척의 T급 잠수함(1척은 작전 전 정찰 중, 또 1척은 채리엇 모함)을 상실했다. 이에 지중해 함대 사령관 커닝험 제독은 「아무래도 수지가 맞지 않아……」라며 탄식했다. 이건 저자의 상상이지만 「그것 봐라 내가 말한 대로지」라며 뒷북(웃음)치며 잘난체 하는 〈평론가〉가 해군 내부에도 있었을 것이다. ——

〈채리엇 전사(채리엇티어즈)〉의 복장. 머리에서 발끝까지 덮는 고무 잠수복을 입었다. 승무원들은 '클래미 데스(Clammy Death) 수트'라고 불렀다. Clammy는 「차갑고 축축한」이라는 뜻.

속옷은 실크, 그 위에 모직 내복을 입고 다시 그 위에 목면 패드가 들어간 재킷과 바지를 입었다.

"손의 감각이 둔해지잖아!"라는 이유로 장갑을 끼지 않았다. 대신 맨손에 엔진용 윤활유를 두껍게 발랐다. 용감하다고 할지 무모하다고 할지 ……

※ DSEA는 순수한 산소를 흡입하기 때문에 수압이 높은 수중에서 고압산소중독에 걸릴 위험이 있었다. 실제로 훈련 중 산소중독 사고로 1명이 사망했다.

영연방 해군 잠수함 승조원의 복장
Royal Navy Company in World War II vol.3

어느 해군에서든 마찬가지겠지만, 영국 해군도 잠수함 승조원의 복장은 상당히 느슨한 편이며 지금까지 소개한 것 외에도 다양한 배리에이션이 존재한다. 여기서는 잠수함 승조원 특유의 장비와 마치 SF영화에 나올 법한 디자인의 탈출용 호흡 장치 등에 대해서 설명하겠다. 코믹의 결말에도 주목!

배의 사이즈가 작을수록 승조원의 복장이 느슨해지는 것은 어느 해군이든 마찬가지다. 이것이 잠수함이 되면 다른 수상함선에는 볼 수 없는 필수도구(?)같은 것도 있다. ♪ 갑자기 품위 없는 모습을 보여서 죄송합니다! 개전 전 '30년대 극동 수역에서 O급 「오르페우스」의 승조원 아담스 일등수병. 아무래도 이 꼴로 당직근무를 서지는 않겠지만…

41년 무렵의 잠수함 기관병. 웃옷을 벗어 허리에 묶고 있는데 안에 입은 것이 럭비 셔츠라니 나름 영국풍이라 하겠다. ☺

45년 1월, 실론섬 트린코말리항에 정박 중인 S급 「스트롱보우」(HMS Strongbow)의 승조사관들. 이 2명의 트로피컬 드레스는 카키색의 개량 버전. 안쪽 인물은 백색 정복과 같은 모양새이지만, 앞쪽의 대위는 긴소매의 보다 새로운 타입이다.

함장 트룹 대위와 옆의 RNVR 소위는 상하 백색의 No.13 트로피컬 드레스. 한편 발을 보면 소탈하게 샌들을 신고 있다. 추측하자면 일본 해군의 동가메노리(잠수함 승조원의 멸칭. '자라'라는 뜻으로, 일본 해군 잠수함은 환경이 열악해 기피 대상이었다)와 같은 트러블(무좀!)로 고생하는 듯하다.

유일하게 작업복을 입고 있는 사람은 기관장인 것 같다. 웃옷을 떼어낸 개조는 더위 대책인가? 상반신의 단추(4개)는 초기에는 그림처럼 숨김식 단추였지만, 전쟁 후기에는 천을 절약하기 위해 평범하게 단추가 노출된 형태로 생산됐다.

영국 해군 잠수함이라면 예시와 같은 검은 바탕에 해골이 있는 해적기, 통칭 '졸리 로저(Jolly Roger)'를 떠올리는 사람도 있을 것이다. 졸리 로저는 1660년부터 1730년 무렵에 걸쳐 〈해적의 황금시대〉에 해적선이 걸었던 깃발로 이 해적기가 영국 잠수함대의 상징이 된 이유는 제1차대전 초기인 14년 10월, 「E9」(HMS E9)의 함장인 맥스 호튼(Max Horton) 중령이 독일 함선 2척을 격침하고 귀환할 때 해적기를 게양한 것이 계기가 됐다. 이후 전과를 올린 함선은 해적기를 올리고 모항에 귀환하는 전통이 생겼다.

※ 〈졸리 로저〉의 어원은 프랑스어의 '졸리 루주(Joli rouge: 선명한 붉은빛)'로 인명과는 아무런 관계도 없다. —— ☺ ⊱

벨 보텀(bell bottoms) 바지(나팔바지)를 입은 호방한 수병들이 들고 있는 〈졸리 조저〉는 43년 10월 영국으로 귀환한 U급 「유나이티드」(HMS United)의 것이다. 우측에 있는 가로줄은 격침, 가운데가 끊어진 줄은 격파 스코어를 뜻한다. 상선은 백색, 군함은 적색으로 기록했다. 그리고 왼쪽 위의 「U」와 가로줄을 조합한 붉은 마크는 이탈리아 잠수함 「레모」(Remo: 배의 노)를 격침한 전과를 표시한 것이라 한다.

이쪽이 함장인 록스버그 대위.

해골 그림은 각 함마다 개성이 있다.

교차한 포신과 3개의 별은 해면에서 벌인 포격전에서 「3승」을 표시한 것. 중앙 아래의 모래시계는 36시간 연속잠항(적 대잠부대의 추격을 받아!) 기념. 그 양측에 있는 2자루의 단검은 특수작전(특수부대원이나 스파이, 망명자 등의 상륙/수용)의 성공을 뜻한다.

여담이지만 해적의 황금기에 실제로 사용된 해적기는 단순한 흑색기가 가장 일반적이었고, 해골에 뼈가 교차한 그림은 극히 적었다고 한다. 똘마니 시절엔 수수한 흑색기를, 악행을 쌓아 이름을 날리는 거물이 되면 오리지널 깃발을 사용한 듯하다. 왼쪽 그림은 황금기의 최후를 장식한 거물인 〈블랙 바트〉(Black Bart:검은 남작) 바솔로뮤 로버츠 (Bartholomew Roberts) 선장의 깃발이다. 밟고 있는 2개의 해골은 「바베이도스 섬 농들의 머리」(ABH)와 「마르니니크섬 농들의 머리」(AMH)라는 뜻인데, 이것은 두 섬의 총독이 그의 체포장에 서명한 것에 대해 원한을 품고 복수한다는 의미다. 「캐리비안의 해적」이라면 살짝 두근두근한 기대를 하게 되는데 진짜 해적의 본성은 이 모양이다. ☺

1982년의 포클랜드 전쟁에서는 영국 해군의 공격원장 컨커러 (Conqueror)가 아르헨티나 해군 순양함 헤네랄 벨그라노(General Belgrano)를 격침해 종전 후 모항인 파슬레인(Faslane)에 귀환하며 마스트에 전통대로 해적기를 게양했다. 알아보기 힘들지만 중앙의 해골을 교차하는 것은 어뢰, 오른쪽 위에는 벨그라노의 실루엣이 들어가 있다. 좌측의 단검은 SBS(Special Boat Service: 특수주정부대) 대원을 적지에 상륙시키는 비밀 작전에 성공했음을 뜻한다. 그런데 컨커러의 해적기 게양에 대해 당시 전쟁에 부정적이던 영국의 미디어는 '너무 호전적이다', '시대착오적이다'라며 강하게 비난했다. '전통을 계승'하는 데도 여러 가지로 고민거리가 많아 보인다.

여기는 해안선에 철도가 댕기는 모냥인갑네
적의 군용 열차다

쉬운 사냥감이잖아 함장
안전빵으로 한 방 먹여 보자고!
덥썩 깨물 깨깨기 까가기
그만 좀 하세요!!
이녀석, 쉿! 쉿!

확실히 빈손으로 돌아가긴 그렇지
애들 심부름이나 다름없으니...

포수 전투배치!
가자!
다다다다다

좌현 포격전 준비!!
얼른 해치우고 튀자고 ♪
멍 멍
끼링 끼링
침로는 그대로
조명탄 발사!!

쏴!!
우왓
큰일났다! 저건

장갑 열차야!!
워우?

HMS TALANTULA!
노도편
에 이어집니다!
후훗

※영미권 해군에서는 약식으로 선임사관(부장:부함장)을 「넘버 원(Number One)」이라 부른다. 또는 좀 더 정식 호칭으로 「X.O.(엑스 오)」라고 부르는데 이것은 선임사관 「이그제큐티브 오피서(Executive Officer)」의 약칭이다.

같은 날
오후
함장님,
손님이
승함했습니다

Welcome Aboard
어서 오십시오
지휘관인
앤슨입니다

저는 프란시스
배스커빌입니다.
잘 부탁해요 ♪
뭐?!

호오..!
진짜 있구나
그러게!
그 배스커빌
백작 말이가?!
픽션인 줄
알았는데

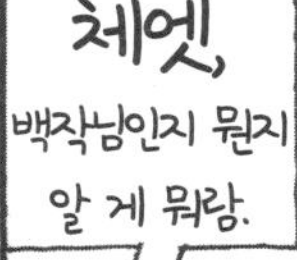

체엣,
백작님인지 뭔지
알 게 뭐람.
단 1명을
운반하는 데
우리들 60명의
목숨을 걸다니

헉
크를르

누···
누구냐
!!!

워우우우

꺄아악
뭐야
와아
괴물
이다!
멍멍
머엉

저기,
저건···
우리 가문에서 키우는
멍멍이예요 ♪
···라는
말씀인즉
꺄아아악
네에
<배스커빌의
개>랍니다 ♡

아———악
왕 왕
장난치는
거겟지?
인사 대신에
사람을 물고
휘두를 뿐인 거지?

숨은
붙어 있나?
이 녀석
휴고!!
그러면
안 돼!
출항
준비를
서둘러!!
멍?

이날 국왕폐하의 잠수함
타란튤라는 아드리아해를
향해 출격했다.
이들의 앞길에 놓인 것은
영광인가 파멸인가?!
워우우우
우우~
시끄러!
죽여 버린다!!
부장님!
진정하세요!!
움직이기 시작한
운명의 톱니바퀴는
누구도 멈출 수 없다!

레이팅즈에는 작업복(오버올:Overall)도 지급됐다. 더러워지기 쉬운 작업을 할 때 입겠지만, 편해서인지 일상복처럼 입고 있는 귀차니스트(?)도 있다.
아래의 두 사람은 41년 말타섬에 정박한 잠수함 「업홀더」(HMS Upholder)의 승조원.

작업복에는 상하 투피스 버전도 있다. 오버올 위에 걸친 것이 작업복 상의다. 소매의 기장은 수뢰과 교차한 어뢰)의 기장으로 색은 백색 바탕에 청색. 백색 바탕인 특이한 패치의 형태 때문에 '툼스톤(비석)'이라 불린다. 이런 재수없는 별명을 평범하게 붙이는 게 재미있다. 말이 씨가 된다는 개념이 존재하는 '언령의 나라'인 일본인의 입장에서 보자면 살짝 깨는 느낌이다. (웃음)

오른손의 붕대는 명예로운 부상인가? 색이 바래 흰색으로 보이지만 원래 색은 당연히 네이비 블루. 또는 흰색 데님 버전도 있지만, 이쪽은 주로 훈련 부대에서 사용했다.

커버올은 허리가 헐렁한지 둘 다 천 벨트를 차고 있다. 우측에 있는 스냅 단추가 달린 주머니는 '머니 벨트(moneybelt:지갑 벨트)'라 부른다.

45년, 극동수역의 모 구축함 함상에서 레이팅즈. 전원이 No.10 트로피컬 드레스를 입었다. 반바지는 공통이지만, 상의는 하사관용과 사병용으로 구별된다. 뒷줄 왼쪽의 하사는 단추가 4개인 노라이 셔츠. 양 가슴에 단추가 달린 주머니가 있다. 앞줄의 —엄청 텁수룩한 수염난 형님들은 앞서 소개한 수병 셔츠. 신발은 단화, 샌들도 착용하는 등 다양했다. 참고로 수병모는 그림처럼 오른쪽으로 기울여서 쓰는 게 유행이었다. 한편 뒷줄 오른쪽 수병은 전회에 소개한 카키색의 '개량형' 리그. 숄더 스트랩이 현대풍. 반바지의 두 줄짜리 웨이스트 스트랩(허리띠)에도 주목.

순양전함 후드(HMS Hood)의 함내에서 그로그(grog)를 배급받는 승조원들. 그로그는 럼주에 물을 1:그 비율로 섞은 것. 오른쪽 끝에 No.6 드레스를 입은 하사가 할당표를 체크 중. 그 뒤에서 국왕 폐하의 하사품(?)인 술을 배급하는 둘은 제식모를 보면 해병대원인 것을 알 수 있다. 영국 군함에는 일정 수의 해병이 승함하는 것이 범선 시대부터 내려오는 전통이다. 다만 당시에는 백병전 병과가 있는 것도 아니어서 전투 시에는 포수로 배치된다.

밀지 말라고 하면서 줄을 서고 있는 수병들의 복장도 손에 든 그릇도 전부 제각각. 그릇이 큰 이유는 각 반의 배식 인원수만큼 가져가야 했기 때문이다.

※줄에서 두 번째에 서 있는 수병은 앞치마풍의 작업복을 입고 있다. 영국에서는 이것도 오버올이라고 한다. 한편 미국에서는 앞치마형이 정식(?) 오버올이고 왼쪽처럼 원피스형 오버올은 커버올(coverall)이라 부르며 따로 구별한다. 뭔가 복잡하다.

여기에는 등장하지 않지만, 전회에 소개한 No.14 액션 드레스의 부사관 및 병용 버전도 있다. 레이팅즈의 액션 드레스는 No.8 드레스라는 호칭으로 불렸다.

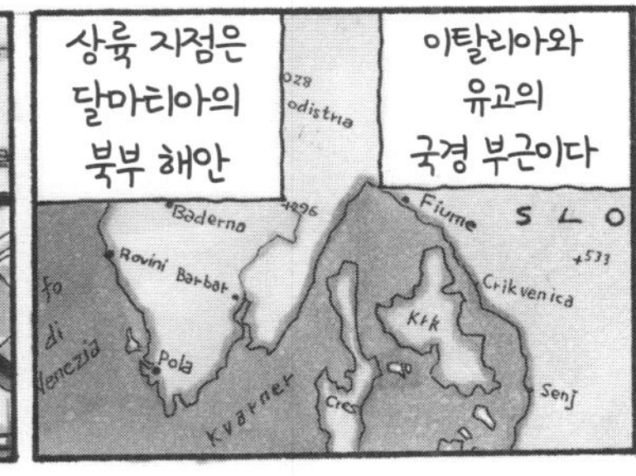

어서오게 앤슨 중령, 우선 이걸 좀 봐 주게.

지중해 함대 기함, 알렉산드리아 항, 1943년 9월

※SOE=특수작전부. Special Operations Executive의 약자. 주축군 점령 지역에서의 정보수집이나 파괴공작을 했다. 통칭 <처칠의 비밀 군대(Churchill's Secret Army)>

구축함 「볼런티어」(HMS volunteer)의 그리피스 수병장(하사에 해당)은 이 때 해군 생활 17년차(!). 이처럼 선행장 3줄을 가진 고참 수병은 「쓰리 뱃지맨(three badge man)」이라 불리며 함장이라면 누구라도 배에 태우고 싶어하는 인재다.

수병모의 밴드는 검은색으로, 거기에 금색으로 함명이 들어간다. 개전 후에는 보안상 이유로 「HMS」만을 남기고 지워지고 검은색 리본 장식이 붙었다.

오른쪽 소매의 구식 대포 마크는 포술과를 뜻한다. 이런 식의 특기장은 개전시 60종, 종전시에는 84종류가 됐다. 기장 위의 성장은 전문 기량이 우수함을 인증하는 증표로, 월급도 조금 오른다. ♪

수병복의 옷깃(collar)는 별도로 데님 소재로 돼 있으며 상의는 점퍼(jumper)라 부른다. 트라우저(바지)와 함께 짙은 감색의 면 소재다. 점퍼+트라우저는 2벌 지급되며 그중 1벌은 정장용(No.1 드레스)로, 1벌은 통상근무용(No.3 드레스)으로 착용한다. 차이는 양 소매의 기장 종류의 색으로 No.1에는 금실, No.3에는 붉은 실 자수가 들어간다.

※중사(PO:Petty Officer. 선임 하사에 해당)도 임관 후 1년은 수병복을 계속 입는다. 임관 1년 미만의 부사관과 전투병과에 관련된 부서의 수병이 클래스의 레이팅즈가 된다.

영국 해군의 수병복은 타국 해군 수병 제복의 원형이 된 유서 깊은 물건이다. 옷깃(컬러)의 디자인은 호레이쇼 넬슨(Nelson) 제독이 고안했다는 설도 있다. 하늘색 바탕에 3줄의 흰색선은 3대 해전 —나일(별칭 아부키르 만 해전), 코펜하겐, 트라팔가— 의 승리를 기념한 것. 마찬가지로 검은색 실크 스카프는 트라팔가에서 전사한 자들을 애도하는 의미라고 한다. '넬슨 컬러'라는 통칭도 여기서 따왔다는 설도 있지만, 근거가 빈약한 전장전설(?)이라 한다. 영국 해군에서 수병 복제가 정해진 것은 1856년의 일로, 1805년의 트라팔가 해전 후 거의 반세기가 지난 시점이다. 그래서 수병복 색상의 유래에 관해서는 근거가 빈약하다 보는 이유가 된다.

호주 순양함 「오스트레일리아」(HMAS Australia)의 일등수병. 이 병사가 입은 수병복은 통칭 「스퀘어 리그(square rig. 가로돛)」라고 불린다.

점퍼의 넥라인은 상당히 깊게 파였다. 가슴의 흰색 랜야드(lanyard.목에 거는 끈)에는 접이식 칼이 달려 있다. 보통은 바지의 왼쪽 허리춤에 찬다.

☞ 해군 지급품인 시맨즈 나이프(seaman's knife). 한쪽에 나이프, 반대쪽에 마린 스파이크(marlin spike. 밧줄 스파이크)가 달려 있다. 스파이크(굵은 송곳 모양이다)는 로프의 결을 푸는 데 사용되며 잘린 로프를 잇는 작업(스플라이싱:splicing)에 필요하다. 능숙한 로프 워크는 군대건 민간이건 범선 시대부터 이어져 내려온 선원의 필수 과목이다.

본가의 바지는 통이 넓은 벨 보텀(나팔바지)! 해군 형님들은 이렇게 「멋」을 내는가 보다.

웬스(WRNS)의 보트 선원. 군함에서 연락선이나 화물선 등을 운용했다. WRNS 대원은 사무직만이 아니라 MTB(어뢰정)의 엔진과 탑재 어뢰, 심지어 항공기 정비 작업도 해냈다. 작업복은 남성용과 같은 것(의 S사이즈?)이 지급됐다.

수병 셔츠는 반소매, 목둘레는 청색 데님을 붙였고, 화이트 프론트(white front) 또는 플란넬(flannel: 면과 양모를 섞어 짠 천)이라 불렀다. No.10 트로피컬 드레스에 이 셔츠를 입는 경우도 있다.

바지는 허리 뒤에 있는 끈을 묶어 입으며 벨트는 쓰지 않는다. 또한 남성용 「남대문(바지 지퍼)」(웃음)은 지퍼가 아닌 숨김 단추로 채운다.

덱 슈즈(deck shoes. 갑판용 신발)는 신발끈을 빼놓는다. 이것은 만에 하나 물에 빠졌을 때 재빨리 신발을 벗어 수영하는 데 방해되지 않기 위한 조치.

'앞과 뒤의 리그(rig)'가 어째서 세로돛인가? 애초에 '세로돛'이란 무엇인가!?— 라는 의문을 가지는 독자분들이 많을 것이다. 그래서 백문이 불여일견이라, 그림으로 그려 보았다:

1790년 무렵의 영국 해군 커터함. 커터(cutter)란 1개의 마스트(돛대)에 가로돛과 세로돛 둘 다 단 리그(돛과 로프 등의 기구)를 가진 배를 말한다. 배에 싣는 보트인 커터(돛과 노를 같이 쓰는 보트. 수송, 구명정 등으로 사용)와 단어가 같아 헷갈린다. 선체에 비해 돛이 크며 속도가 빠른 게 특징이다. 군함의 경우 10문 전후의 소구경 화포를 장착한 당시 최소 사이즈의 군함이었다.

■ =가로돛(횡범)
■ =세로돛(종범)

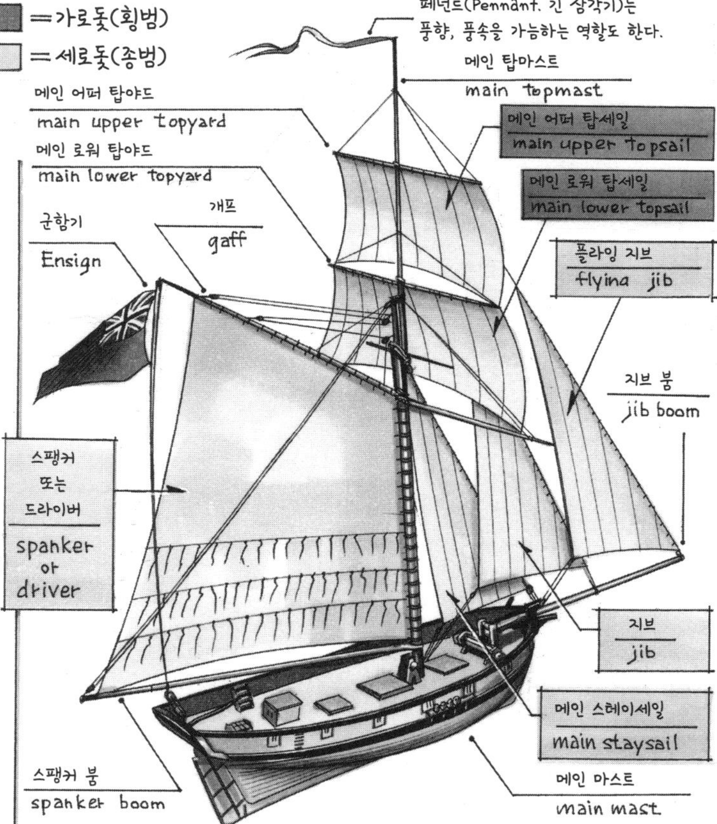

※리깅(삭구나 밧줄 등), 그밖의 디테일은 생략.

1. 가로돛은 가로 방향의 활대(야드)에 달려 있다. 한편 세로돛은 배의 수미선(배의 이물과 고물을 연결하는 중심선)과 평행하게 설치된다. 다만 의역입니다.
ㄴ=군함기를 개프에 게양하면 전투용 깃발이 되는 것은 범선이 군함으로 쓰이던 시대부터의 전통. 군함기를 의미할 때는 엔사인이라 부르는 것 같다.

찌이루룩 WENS를 '웬'이라 읽는 이유는 새 이름인 '웬(wren:굴뚝새)'에서 따왔다. 한국에도 비슷한 종이 서식하며 꼬리를 바짝 세우고 아름다운 소리로 지저귄다.

굴뚝새는 독일어로 차웅크니히(zaunkoenig)라고 하는데 독일 해군의 음향추적어뢰 T5a의 코드네임이기도 하다. 이쪽은 전혀 귀엽지 않다.

영연방 해군 부사관 및 수병의 복장

Royal Navy Company in World War II vol.2

영국 해군 승조원 중에서 여기서는 부사관과 수병의 복장을 소개한다. 타국 수병복의 원형이 된 영국 해군 수병의 유니폼은 일본에서는 여학생의 세일러복으로 정착됐다. 후반에는 익숙한 맴버가 T급 잠수함 승조원으로 활약하며 잠수함 승조원의 일상을 알기 쉽게 해설하겠다.

영국 해군에는 있고 일본 해군에는 없는 것 중에 '워런트 오피서(Warrant Officer)'라는 계급이 있다. 제복, 제모는 사관과 같지만, 베테랑 부사관에서 선발하기 때문에 실질적으로 특무소위에 해당한다. 여기서는 가칭으로 준위라고 해석하겠다.

개전 전, No.4 프록 코트 드레스(No.4 Frock Coat Dress)를 입은 롱맨 기관준위(Warrant Engineer). 여기서 제식모 대신에 고풍스런 콕트 햇(cocked hat)을 쓰면 No.3 드레스가 되지만, 전쟁 중에 이런 예식 복장은 폐지됐다.

셔츠의 옷깃도 고풍스런 하이 컬러(high collar). 여러분들도 잘 알다시피 여기서 「하이칼라」라는 말이 나왔습니다

이것이 정장(풀 드레스)의 콕트 햇이다.

No.1/2 드레스에서는 같은 프록 코트라도 연미복 스타일을 입는다. 술 장식이 달린 견장(epaulette:에폴렛) 등 화려한 장식이 달려서 기분은 뮤지컬 배우? 😄

수장은 중위(Sub Lieutenant)와 같은 형태이지만, 레이스(lace) 폭이 절반이다. 그 아래의 라인은 병과 이외의 소속을 색으로 나타낸 것으로 브렌치 컬러즈(branch coloures)라고 불린다. 주요 보직의 예를 들자면:

- 기관과=보라
- 치과=오렌지
- 운항과=실버 그레이
- 의무과=적
- 보급과=백
- 전기=다크 그린

등이 있다.

의장용 벨트에 장검(소드)을 찬다

세이버(sabre)는 원래 경기병의 무기여서 해군 사관은 사용하지 않는다.

세이버는 외날에 도신이 휜 이슬람 기병의 반월도가 기원이다.

소드의 도신은 직선형으로 이전에는 양날이었다.

유럽의 군대에서는 용도나 도신의 형태에 따라 다양한 종류의 예식 도검이 있다.

이것은 기관과 대령 소매 계급장의 예시이다. 레이스 사이에 들어간 색으로 병과를 나타낸다.

영국 해군에서는 사관의 계급을 클래스, 사병의 계급을 레이트(Rate)로 구별해서 부른다. 그래서 사관은 오피서즈라 칭하며 사병은 레이팅즈(Ratings)라고 부른다.

부사관과 병의 계급은 3군과 나라에 따라 사관 이상의 숫자가 있거나 호칭도 다양하다. 그래서 먼저 일람을 봐 주시길. 개중에 해석이 명확히 정해지지 않은 것도 있어 필자의 해석이 들어갔음을 양해해 주시길.

모장(Cap badge)

왕관과 닻의 색은 사관과 같다. 주위의 링과 월계수 리스는 금색이다.

계급장(rate badge)은 왼팔 위에 붙인다.

이 V자 계급장은 굿 컨덕트 뱃지(Good conduct badge), 번역하면 선행장이다. 1줄은 3년, 2줄은 8년 이상, 3줄은 13년 이상, 규칙 위반을 하지 않은 (또는 들키지 않은) 수병에게 수여한다. 3줄이 상한이며 CPO는 선행장을 붙이지 않는다.

치프 페리 오피서 Chief Petty Officer 상사(약칭 CPO)	
페리 오피서 Petty Officer 중사(약칭 PO)	
리딩 시맨 Leading Seaman 상등수병(한국군은 하사)	
에이블 시맨 Able Seaman 일등수병	
오디너리 시맨 Ordinary Seaman 이등수병	

때문에 수병은 수병모를 쓰기 상등수병까지만 계급장도 없다.

43년, 전함 「로드니」(HMS Rodney)에서 검열하는 함장을 선도하는 마스터 앳 암즈(Master-at-arms). 계급은 상사로 No.6 드레스인 싱글 재킷을 입은 모습. 이것이 부사관의 통상근무복이지만, '버스 운전수잖아!!'(←비슷해 보인다.)라고 착용자들의 평판이 나빴다. 그럼에도 불구하고 대전 말기에 더블 버튼 No.3가 폐지되고 이 싱글 상의만이 남은 것은 왼쪽에서 서술한 대로다. 승산이 보이는 시기에 어째서 자원절약을? 이라고 의문을 가지는 사람도 있겠지만, 6년간 계속된 총력전은 영국의 국력을 상당히 피폐하게 만들었고, 종전 후 50년대에 들어서야 겨우 배급제를 완전히 폐지할 수 있었다.

Master-at-arms(한국 해군에서는 주임원사가 비슷한 직책)는 일본 해군에서는 선임 위병 오장이라는 조금 이상한 이름으로 불렸다. 함내의 규율을 단속하는 직책(계급이 아님)으로 양쪽 옷깃에 금색 기장(왕관과 월계수 화환)을 달고 있다. 말단 수병들은 함장의 얼굴은 몰라도 마스터 앳 암즈라는 '무서운 아저씨'의 얼굴을 모르는 자는 없었다.

부사관은 소매의 단추가 세로로 2개다.

흰색 롤 넥 스웨터는 잠수함 승조원용으로 채용됐지만, MGB(고속포정)와 MTB(고속어뢰정)승조원도 널리 애용했다.

42년 2월, 잠수함 포퍼스(HMS Porpoise,알락돌고래)의 상급 부사관(CPO). 앞섶을 풀어서 알아보기 힘들지만 No.3 드레스라 하는 더블 리퍼 재킷을 입고 있다. 사관의 No.5 드레스와 거의 같은 형태로, 차이점은 두 줄의 금색 단추가 각각 3개(사관은 4개)이며 허리의 포켓에 덮개가 있다. 또한 소매자락에는 계급을 나타내는 3개의 금색 단추가 있다. 부사관의 No.3/6 드레스에는 「포어 앤드 애프터 리그(fore-and-after rig: 세로돛)」라는 통칭이 있다. 그런데 이 No.3 드레스는 43년 이후로 자원 절약을 위해 소매의 단추가 없어지고 게다가 다음 해에는 더블이던 형태가 싱글로 변경되면서 사실상 소멸하고 말았다.

CPO의 제복은 클래스1(Class I)로 지칭한다. 클래스2(Class II)는 세일러복의 수병, 클래스3(ClassIII)는 부사관(PO), 그리고 클래스1과 3은 계급장 외에는 거의 동일한 외관을 하고 있다.

클래스3의 「그 외」는 위생, 서기, 군악, 취사 등 전투에 직접 관계없는 보직의 수병으로 수병복이 아닌 No.6 드레스와 같은 군장을 착용했다. 다만 단추는 흑색 플라스틱, PO와 같은 형태의 모장은 적색 실로 자수가 들어가 있다.

제2차 세계대전의 영연방 해군 ~1편~

T급 그룹2 「트래블러」(HMS Traveller). 앞쪽으로 쏠 수 없는 선체 중앙의 발사관을 뒤쪽 방향으로 변경, 더하여 후방 2기의 발사관만으로는 모자라 보였는지 1기를 더 추가했다. 그리고 선수 벌지가 작아져서 발사관의 위치가 앞쪽 끝으로 치우치게 됐다. 전체적으로 난잡한 느낌이 가득한게 영국적인 디자인(웃음)이 됐다. 그런데 크게 부풀은 함수에서 갑판쪽으로 내려가다 함교 앞에서 다시 솟아오르는 모양의 라인을 어디선 본 듯한—

1급 그룹3 주요 제원

배수량 1,090톤 (수상)
　　　　1,571톤 (수중)
전장 83m　최대폭 8.1m
2,500마력 디젤 2축 2기
속력 15노트(수상) 9노트(수중)
4인치(10.2cm) 단장포 1문
20mm 기관포 1문
21'(533mm)어뢰발사관 11문
함내 6문/외장식 5문
어뢰 17발(그중 6발은 예비)
승조원 61명
전투항해일수 42일
최대 안전 항해 심도 90m

라이벌 U보트에 비해 좀 모자라 보인다 😀

T급 「트리뷴」(HMS Tribune)의 병사 휴게실에서 럼 배급을 받는 승조원들. 잠수함 승조원에게는 1일 1잔의 럼주가 지급된다. 보통 물을 탄 그로그(grog)로 만들어 마신다. 이걸 마시고 취해서 헤롱헤롱한 것을 '그로기'(groggy)라고 한다. 참고로 사관들은 항해 중 음주가 엄격히 금지된다. 술꾼들은 술잔에 눈이 가 있고, 벽에는 야한 핀업이 붙어 있다. 그야말로 「남자의 아지트」라는 분위기다(웃음).

'타란툴라' 승조원. 영국 해군에서는 함선 승조원을 크루(cerw)가 아닌 컴퍼니(company)라고 부른다.

이쪽은 「트리뷴」의 비덴 조리장. 전투 항해 중 언제나 갓 구운 빵이 나올 수는 없는 법, 거의 매일 오래돼서 곰팡내가 나는 빵에 연유를 뿌린 것을 코를 감싸쥐고 먹었다고들 한다.

His Majesty's Submarines of WW2

제2차대전 중, 영국 해군이 건조, 취역한 원양 잠수함은 대형
(T급/수상배수량 1,090톤), 중형(S급/610~715톤), 소형(U급 및
V급/540톤)의 3종류뿐이었다. 이것을 견실하고 합리적이라 보는 사
람도 있고 여력이 없어 선택했을 뿐이라 지적하는 사람도 있었다.
어쨌든 가장 큰 함급인 T급은 크게 3개 그룹으로 나뉜다.

T급 잠수함 「타란툴라」 (HMS Tarantula),
영국 해군 지중해 함대, 알렉산드리아,
1943년 9월.

HMS는 His(또는 Her) Majesty's Ship의 약자. '국왕
(또는 여왕)폐하의 군선'이라는 의미. 영국 해군 함선명
의 앞에 붙는다. 영연방(Commonwealth:커먼웰스) 해
군의 경우, 예를 들어 오스트레일리아 해군 함선은
HMAS(His Majesty's Australian Ship), 캐나다는
HMCS(His Majesty's Canadian Ship)라는 약칭이
붙는다. 마찬가지로 HMNZS는 '뉴질랜드 해군 함선'이라
는 의미가 된다.

*역주: 청나라 다구 포대 전투를 기념해 붙인 이름

T급 「타쿠*」(HMS Taku)의 공격용
잠망경의 렌즈를 청소하는 부사관.
왼손에는··· 이럴수가!고든스 드라이
진의 병이!! 청소용과 음주용 중
어느쪽이 많을까? ──

같은 영연방
해군이라도 예를
들어 캐나다 해군은
RCN이라는 약칭을
쓴다. 오스트레일리
아 해군은 RAN,
뉴질랜드 해군은
RNZN이 된다.

T급 그룹1의 「시슬」(HMS Thistle). 함수와 선체 양현의
외장발사관을 포함해 합계 10개 사선이라는 야심적인
이 거대한 디자인이었지만······
벌지가 문제.
잠망경 심도에
큰 파도를
일으켜 잠망경
시야에 방해가
됐고, 선체
경사까지
영향을 줬다.

이쪽의 외장발사관은 선체를 따라 흐르는 수류의 영향으로
발사한 어뢰가 직진하지 못하지는 것으로 판명됐다.

T급 그룹3에서는 전방 갑판의 요철 경사가
없어져서 겉보기의 인상이 조금 바뀌었다. 그리고
승조원의 갑판 작업도 조금은 편해졌을 것이다.

접이식 전방 잠타.
(하이드로플레인:Hydroplane P/S)
배후의 선체 측에는 변형 방지를 위해
같은형태의 보호판이 있다. 가드
와이어가 너저분(?) 하게 걸쳐 있다.
이런 세련미가 없는 만듦새가 순수
영국풍이라는 느낌─

※P/S는ㄴ 'Port & Starboard'의 약
자로 '좌우 양현에 있습니다' 라는 뜻.

어뢰 적재구
해치

사랑의 크기는
이 정도쯤
전방 탈출 트렁크.
이 아래의 햇치는
수중 탈출용 챔버와
이어져 있다.

어뢰적재용 데릭 (수직, 수평
이동 가능한 선박용
기중기). 분해 격납식.
후방 갑판에도
한 기가 있다.

21인치(533밀리)
외장식 어뢰발사관(P/S)

점핑 와이어.
여기에 무전기용
안테나가 붙어 있다.

앵커 리세스**(Anchor Recess)
**역주:닻이 격납되는 공간)

앵커 체인

이 뽀족한
부분은 그물
절단기(네트 커터)
역할도 한다.

6번 어뢰발사관.
이럴수가! 선체 측 발사관에
격문이 없다? 물의 저항 따위 전혀
신경쓰지 않는 점(그럴 리 없지만)이
상남자스럽다.

그런 식으로 「RNZNVR」은 「뉴질랜
드 해군 지원예비(사관)」을 의미
한다. 뭔가 암호문처럼 보이지만.

수중청음기(하이드로폰:
Hydrophon.e. P/S).

음향측심기
수납부

밸러스트 킬(무게축)

129형 아스딕(음파탐지기)
(인입식)격납부

전방발사관
부근의 단면.
함수에서
후방을 본
모습.

	No.7		No.8	
No.1				No.2
No.3				No.4
No.5				No.6

12번 프레임 ── 네트 커터

잠수함의 선교. 미
해군은 세일(돛)이
라 부르며 영국 해군
은 핀(지느러미)
라고 부른다.

이런 이미지?

초계함 블랙 스완(HMS Black Swan)의 함장 페이캔헴(Thomas Arthur Charles Pakenham) 중령의 모습. 수염이 관록있어 보이나 사실 영국 해군에서 수염을 기르는 것은 규칙 위반이었다(육공군은 OK였다). 수염이 여자를 밝히는 인상을 준다고 금지했다는 설도 있지만, 사실인지 아닌지···

개전 시까지 영국 수역(홈 워터스)에서는 5월 1일부터 9월 30일까지 제식모에 흰색 햇빛 가리개를 씌우는 규정이 있었다.

사관후보생은 No.5 드레스 옷깃에 그림과 같은 뱃지를 부착했다. 뱃지 색상은 RN이 백색, RNR이 하늘색, RNVR이 적색이다.

O급 잠수함 「오사이리스」(HMS Osiris:이집트 신화의 신 오시리스)의 승조원인 트레바니온(Trevanion) 사관후보생.

영국 해군의 인원은 크게 4개 그룹으로 나눠집니다.

RN (Royal Navy)

로열 네이비는 해군 정규 교육을 받고 임관한 직업군인. 해군사관학교 졸업생이 사관으로 임관한다.

RNR (Royal Navy Reserve)

로열 네이비 리저브는 해군 예비군이다. 주로 상선 선원 중 해군 근무를 지원한 자들로, 군함이 아니더라도 해상 경험이 있는 자들이다.

RNVR (Royal Navy Volunteer Reserve)

볼란티어 리저브는 해군 자원 예비군으로 번역한다. 이들은 군에 지원한 일반 시민이다. 베테랑 요트 선원인 사람도 있지만, 해상 경험이나 지식은 천차만별이다.

알렉산드리아 항에 정박 중인 잠수함 「토베이」(HMS Torbay) 함상에서. 필립 비안 (Philip Vian) 소장은 백색 면소재 상하의인 No.10 드레스를 착용. 상의는 싱글 형태의 단추 5개. 가슴 주머니에는 플랩이 없다. 제모는 크라운이 백색 천으로 되어 있고 구두도 백색으로 맞춘다.

병과 사관의 테두리는 짙은 감색이다

소장의 견장. 대장 이하는 소매장과 같은 패턴이다.

왼쪽의 컷과 같은 장면에서 비안 소장을 맞이하는 「토베이」의 승조원 사관. No.13 트로피컬 드레스(Tropical Dress)라 불리는 '리그'. 반팔 셔츠와 반바지는 백색 면 소재. 셔츠는 5개의 단추가 있고 좌우에 덮개 달린 가슴 포켓이 있다. 제독 각하께서 방문하시는 상황이라 긴목 양말도 구두도 백색으로 맞춰 신고 있지만, No.13 드레스는 감색 양말에 검은색 구두의 조합도 OK였다. 원래 잠수함처럼 소형 함선에서는 일상적으로 복장 규정을 위반했는데 맨발에 샌들을 신는 용자(?)도 있었다.

백색 제복은 보기에는 청량감 만점이지만, 조금만 더러워져도 눈에 띄기 때문에 입는 사람은 세탁과 다림질하기 바빴다. 전시에는 그다지 실용적이라 말할 수 없는 복장은 아닌지?

영국 육군의 전투복 (배틀 드레스:Battle Dress)은 적군인 U보트 승조원도 착용할 정도로 쓸만한 물건이라 당연히 아군도 눈에 불을 켜고 구하려고 했다. 그래서 연줄로 입수한 전투복을 네이비 블루로 염색해 입은 해군 사관이 속출했다. 소형 함선에서 근무할 때 옷단이 짧은 상의 쪽이 움직이기 편하다. 초기엔 당국에서 규정위반이라 하며 지속적으로 단속했지만, 여론(?)에 밀려 43년 드레스 No.5A 워킹 드레스 (Working Dress)라는 이름으로 제식이 됐다. 다만 상륙할 때는 착용이 금지됐다. 더해서 '전투복'이 아닌 '작업복', No.5의 '아류'인 'No.5A'라 한 점에서 상층부의 고집스러움을 엿볼 수 있다.

감색 셔츠로 코디네이트한 멋쟁이도 있었다.

시부츠(seaboot)의 흰색 속이 보이게 접고, 추가로 안의 두꺼운 양말을 접어 보이게 했다. 이게 멋지다고 생각한 듯하다. 음···

45년 7월, 항모 「임플래커블(확고한)」(HMS Impracable)의 해군항공대 FAA 사관. 44년 이후, 태평양 방면에서 활동하는 부대는 미해군과 같이 No.13 드레스의 색을 백색에서 카키색으로 변경, 제식모의 크라운과 양말도 카키색이 됐다. 이들 '리그'의 생산지는 영국령 인도였다.

긴소매 버전도 있었다.

No.13 드레스의 결점은 피부가 노출된 부분이 많아 화재나 발포 화염에 화상을 입기 쉬웠다. 그리고 극동 방면에서는 말라리아 모기에 물리기 쉽다는 단점도 있었다. 이런 점을 시정하여 45년에 제정된 것이 No.14 액션 드레스(Action Dress). 액션은 전투를 뜻한다. 태평양 함대에 우선 지급됐지만, 종전까지 해군 전체에 보급하지는 못했다.

WRNS (Women's Royal Naval Service)

'웬스'는 해군에 지원한 여성들로 주로 해군 장교의 자녀들이다. 전투 임무를 제하고 다양한 후방 지원 업무에 종사했다. 가장 많았던 때엔 약 7만5천 명 정도의 규모였다.

쌍안경의 흰 화살표(broad arrow)는 브로드 애로(broad arrow)라고 한다. 영국 정부 소유물이라는 표시로 현재도 영국군 무기나 장비에 이 각인이나 스탬프가 찍혀 있다.

44년 6월 6일, 노르망디 상륙작전 당일의 버트람 램지(Bertram Ramsay) 대장. 이 무렵에는 높으신 분도 No.5A 드레스다.

착용하고 있는 구명벨트는 튜브에 공기를 불어 넣으면 부풀어 오르는 방식.

이것이 대장(제독)의 견장

청색 긴소매 셔츠에 진한 감색 바지의 조합도 미해군의 영향을 받은 물건이다. 이 기본 스타일은 오늘날 영국 해군에도 이어져 내려오고 있다.

좌측의 수장(소매 계급장)은 RN의 계급장이다. RNR, RNVR의 소매장은 아래와 같이 구별된다.

Lieutenant, RNR
영국 해군 예비역 대위

Lieutenant, RNVR
영국 해군 자원 예비역 대위

FAA(해군 항공대) → 장교는 이렇게 A자가 들어간다.

※전쟁 후인 1951년에, RNVR은 RNR에 통합되었고, 2007년에는 RNR도 RN으로 통합돼 현재는 기장의 구별이 없다.

영연방 해군 사관의 복장

Royal Navy Company in World War II vol.1

여기서는 칠대양을 제패한 해군인 전통의 강자, 영국 해군 승조원의 유니폼에 대해 설명하겠다. 먼저 사관의 기본적인 제복을 중심으로 계급의 호칭과 모장, 수장 등을 잡학을 더하면서 소개한다. 후반부에서는 영국 해군이 운용했던 T급 잠수함의 전모를 그림과 함께 설명하겠다.

1939년 9월의 개전 초기, 영국 해군 사관은 12종류의 제복이 있었다. 하지만 그중 절반 이상이 의례용 연미복(프록 코트 드레스:frock coat dress)이나 파티용(메스 드레스:mess dress), 무도회용(볼 드레스:ball dress) 등등 전시에는 쓸모없는 제복이었다. 과연 신사의 나라.

41년의 본토 함대(홈 플릿:Home Fleet) 사령장관 서 존 토베이(Sir John Cronyn Tovey) 대장. 해상 근무용 사관 제복이 이 No.5 드레스다. 승조원의 세계 표준, 짙은 감색의 리퍼 재킷과 트라우저(제복 바지)다. 참고로 이 더블 상의는 통칭 「몽키 재킷」(monkey jacket)이라 불린다.

빼곡한 약장의 위치에 주목. 재킷 옷깃의 폭이 넓기 때문에 이렇게 거의 왼쪽 어깨까지 밀려났다.

윗주머니에서 살짝 보이는 손수건이 신사의 소양인 것은 현대의 정장과 같다. 왼쪽 가슴과 좌우 허리의 주머니는 덮개가 없는 슬래시 포켓(slash pocket)으로, 재킷의 라인을 스마트하게 보이기 위한 디자인이다.

금실 레이스(lace) 장식의 계급장이 눈에 익은 스타일인 것은 다른 나라의 해군이 〈원조〉의 영향을 받았기 때문이다.

영국 해군은 복장을 「리그」(rig)라고 부른다. 원래 리그란 범선의 돛과 돛을 움직이는데 쓰이는 로프를 뜻하는 단어다.

검은 단화는 당연히 반짝반짝 광을 낸다.

「리그」의 예시

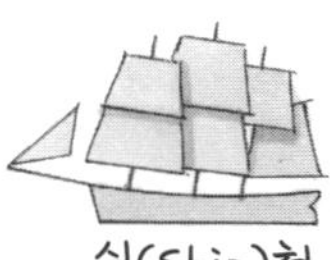

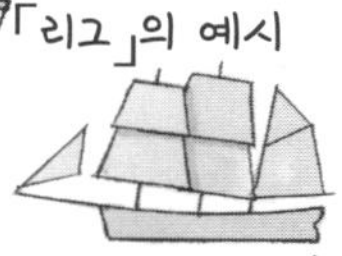

제1해군경(더 퍼스트 시 로드:the First Sea Lord) 더들리 파운드(Dudley Pound) 원수. 미해군의 작전부장, 일본제국 해군의 군령부총장에 해당하는 직책으로 17세기 스튜어트 왕조시대까지 거슬러 올라가는 유서깊은 명칭이다.

41년 이후, 자원 절약을 위해 소매장이 소매를 한 바퀴 감는 형태에서 외측 반 바퀴만 자수가 들어가는 형태로 바뀌었다. 잘 보면 No.5 드레스의 옷감도 별로 좋아 보이지 않는다. 하지만 계급의 탑에 있는 사람의 제복이 이렇게 궁상(실례)맞은데도 신경쓰지 않는 점이 재미있다. 추축국 장성들을 보면 상당히 화려한 장식이 있는 것(독일군이라던가)과 꽤 비교가 된다

캡은 짙은 감색, 머리띠 부분(밴드:band)에는 검은색 양모 편물이 사용된다.

턱끈과 챙은 검은색 에나멜 가죽(patent leather)이다. 상급 사관은 챙에 백엽 장식(금색)이 붙어 있다.

사관용 모장(캡 뱃지:cap badge) 상세도. 44년부터는 손이 많이가는 자수 대신 금속 주물 제품이 사용됐다.

왕관은 금색에 밴드는 은색으로 이 아치 안쪽 부분은 선홍색. 그리고 밴드에 붙은 5개의 보석은 중앙이 청색, 그 양옆이 녹색, 양 끝단의 2개는 적색이다. 중앙의 닻은 은색, 주위를 감싼 월계수잎은 금색이다.

여담으로 영국 왕의 왕관은 왕과 여왕의 형태가 틀리다. 그래서 모장 상부의 왕관도 시대에 따라 형태가 바뀐다. 왼쪽은 52년 엘리자베스 2세 즉위 이후의 사관용 모장에서 왕관 부분을 확대한 모습. 아치의 형태가 다르다. 왕의 왕관은 성 에드워즈 크라운(St. Edward's Crown), 여왕의 왕관은 튜더 크라운(Tudor Crown)이라 부른다.

1953~2022

구미권에서는 한국군의 대/중/소와 달리 사관 계급 호칭이 복잡하다. 예시로 영국 해군의 계급을 모아 봤다. 의외인 것은 위관 계급(클래스:class)이 둘밖에 없다—!?! 같은 영국군에서도 육/공군은 3개, 미해군도 3개 있지만, 〈원조〉에서는 2개. 그래도 불편하지 않았다니 전통이란 대단하다(?)

*역주: 후에 미드쉽맨(소위)이 추가됨

또한 Lieutenant는 육군에서는 '루테넌트'라고 발음하지만, 해군은 전통적으로 '레프테넌트'*라고 발음한다.

*역주: 프랑스어의 영향이다.

아드미럴 오브 더 플릿(원수)

아드미럴 (대장)
Admiral
바이스 아드미럴(중장)
Vice Admiral
리어 아드미럴(소장)
Rear Admiral
코모도어 퍼스트 클래스
Commodore 1st. Class
(전단장/대령/임시칭호)

코모도어 세컨드 클래스
Commodore 2nd. Class
(함장/대령/임시칭호)
캡틴 (대령)
Captain
커맨더 (중령)
Commander

루테넌트 커맨더 (소령)
Lieutenant
Commander

루테넌트 (대위)
Lieutenant
서브 루테넌트 (중위)
Sub Lieutenant

영화 '007' 시리즈 주인공 제임스 본드는 해군 중령이라는 설정이다. 어느 작품의 일본어 자막에 본드의 계급에 대한 영어 표기인 "커맨더"를 '사령관'이라고 번역했던 적이 있었다! 본지 독자분들이라면 말도 안되는 오역임을 알 것이다.

왠지
열받아
진짜로
쓰레기네
고마 확
죽어뿌라!
목표,
우현 정면
거리
150m!
사격!!
야하하
앗
퉁퉁퉁퉁퉁

Auf Wiedersehen,
Herr Kapitän!
편안히
잠들기를!
이래도
괜찮을까

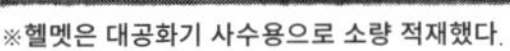
※헬멧은 대공화기 사수용으로 소량 적재했다.

그럼 총원
퇴함하라!!
뻔뜩

이렇게 허무한 최후를
맞이한 U-1333은
울분을 삼키며
비스케이만의 해저에
가라앉았다
함장을 뺀
모든 승조원은
호위함에
구조됐다.
주변을
잘 살펴
모포
가져와
와자
지껄
보트 꽉
잡아!
이런
이런

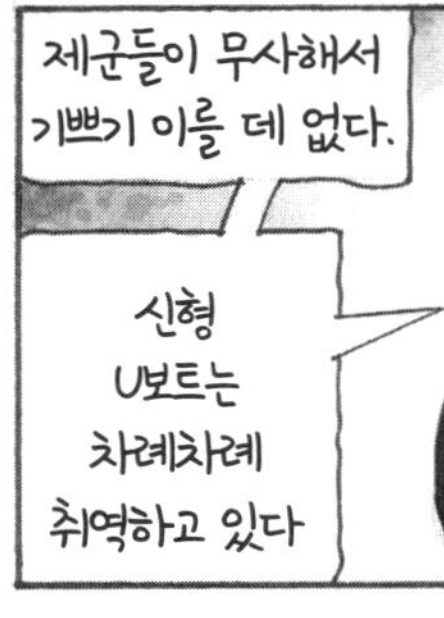

제군들이 무사해서
기쁘기 이를 데 없다.
신형
U보트는
차례차례
취역하고 있다
잠수함
전대
사령관
코가
샤우텐
베르크
대령
(가명)

오늘부터 제군들
한 사람
한 사람이!
함장이다.
응?
뭐어?
그게 무슨
소리지…?

어이
빠른 자가
승자라고
반짝
반짝
아
하하
제훈트
헤히트
비버
몰히
네거
일단
튀자
앗!
나도!!
이…인간
어뢰?
살아서
돌아올
수는
있나?!
끝
경사로세
경사로세

차
회
샤두!!
인간어뢰

어이 크리스타?
한눈 팔지 말고 경계 똑바로 서
좌아
호위 트롤어선
좌아아
어어? 하지만
날씨가 이렇게나 나쁜데
우량이 10이라고

너는 바보냐!!
영국군 비행기는 레이더가 달려 있다고
아
비가 오나 눈이 오나 상관없어!
슈웅
빠그
!?!!
바크
쿼
바크
쿼익

으아악
Bull's eye ♪
빠끼
빠끼
펑 펑펑
펑
콰광

내압벽이 당했다
후방 어뢰실에 침수!
쿠구구
지!
지!

기관실도 배터리도 침수됐어!
이젠 글렀다고!
잠깐! 잠깐만 기다려!!!

퇴함을 결정하는 사람은 함장님이다
함장님은 어디 계시지?!
콸록 콸록

어이
누구 함장님을 뵌 사람
툭 투욱

으응?

아 하 하 하 ♪
반짝 반짝
야호오
모두들 빨리 도망치지 않으면 침몰에 휩쓸린다고

▲이 무렵 지인인 미야비가와 이누마루씨로부터 얻은 지식. 현재에도 NASA에서는 우주비행사에게 브릿지로 교환하기를 권유한다. (역주:우주복, 우주선 내부는 1기압보다 낮은 0.3기압이다)

※아인바움(Einbaum:통나무배)이란 2형 U보트의 속칭. 훈련용으로도 사용됐다.

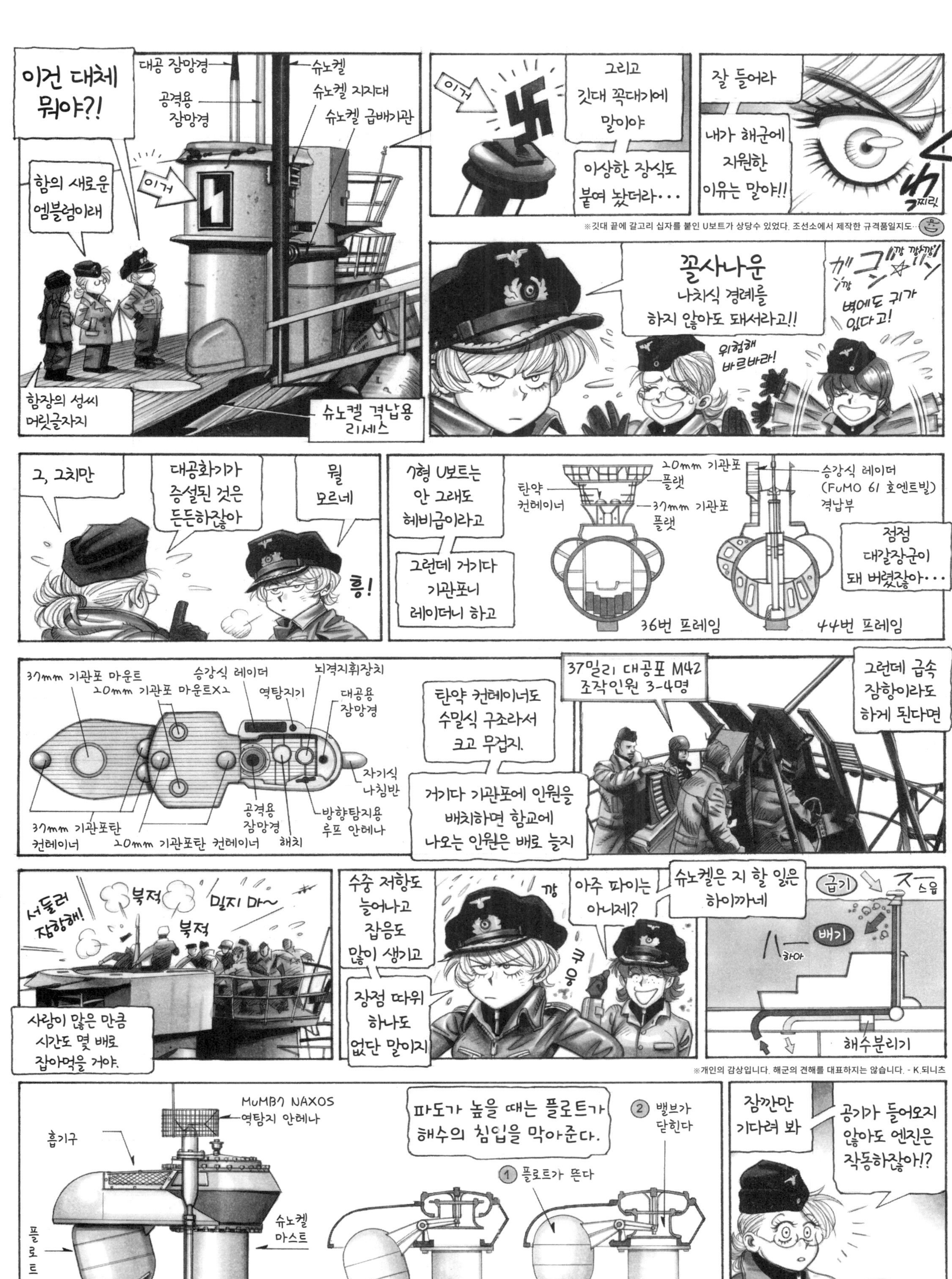
이건 대체 뭐야?!
함의 새로운 엠블럼이래
이거
대공 잠망경
공격용 잠망경
슈노켈
슈노켈 지지대
슈노켈 급배기관
함장의 성씨 머릿글자지
슈노켈 격납용 리세스
이거
그리고 깃대 꼭대기에 말이야
이상한 장식도 붙여 놨더라···
잘 들어라
내가 해군에 자원한 이유는 말야!!
찌릿
※깃대 끝에 갈고리 십자를 붙인 U보트가 상당수 있었다. 조선소에서 제작한 규격품일지도···
꼴사나운 나치식 경례를 하지 않아도 돼서라고!!
깡 그깡 깡깡
벽에도 귀가 있다고!
위험해 바르바라!
그, 그치만
대공화기가 증설된 것은 든든하잖아
뭘 모르네
흥!
7형 U보트는 안 그래도 헤비급이라고
그런데 거기다 기관포니 레이더니 하고
20mm 기관포 플랫
탄약 컨테이너
37mm 기관포 플랫
승강식 레이더 (FuMO 61 호엔트빌) 격납부
점점 대갈장군이 돼 버렸잖아···
36번 프레임
44번 프레임
37mm 기관포 마운트
20mm 기관포 마운트×2
승강식 레이더
역탐지기
뇌격지휘장치
대공용 잠망경
공격용 잠망경
자기식 나침반
방향탐지용 루프 안테나
해치
37mm 기관포탄 컨테이너
20mm 기관포탄 컨테이너
탄약 컨테이너도 수밀식 구조라서 크고 무겁지.
거기다 기관포에 인원을 배치하면 함교에 나오는 인원은 배로 늘지
37밀리 대공포 M42 조작인원 3-4명
그런데 급속 잠항이라도 하게 된다면
서둘러 잠항해!
북적
밀지 마~
북적
북적
사람이 많은 만큼 시간도 몇 배로 잡아먹을 거야.
수중 저항도 늘어나고 잡음도 많이 생기고
장점 따위 하나도 없단 말이지
깡
쿠웅
아주 따이는 아니제?
슈노켈은 지 할 일은 하이까네
급기
배기
하아
스읍
해수분리기
※개인의 감상입니다. 해군의 견해를 대표하지는 않습니다. - K.되니츠
흡기구
MUMB7 NAXOS 역탐지 안테나
플로트
슈노켈 마스트
파도가 높을 때는 플로트가 해수의 침입을 막아준다.
② 밸브가 닫힌다
① 플로트가 뜬다
잠깐만 기다려 봐
공기가 들어오지 않아도 엔진은 작동하잖아!?

95

드레거식 탈출용 호흡기(Draeger Tauchretter)는 침몰하는 잠수함에서 탈출용으로 개발된 물건. U보트 승조원은 훈련학교의 수조에서 탈출 훈련을 받는다.

코마개 클립

마우스피스

배기 밸브. 수중에서 상승 중에 감압하면 조끼가 팽창한다. 여기에서 여분의 산소를 배출한다.

조끼는 산소로 팽창한다. 수중에서는 호흡용, 해상에서는 부력 유지용으로 사용된다.

이 부분에 이산화탄소 흡착제를 넣은 캐니스터가 있다.

산소 실린더 밸브

중령의 바지는 공군용이면 블루 그레이. 육군용이면 회녹색이다.

제식모가 진한 감색이라 해군 장교임을 알 수 있다.

장교용 검은색 더블 쿨로(2개의 잠금쇠) 벨트. 왼쪽에 육/공군 장교와 같은 권총 홀스터를 차고 있을 것이다.

이것을 U보트 승조원의 유니폼이라 말하기는 어렵지만, 1945년 4월의 피터 '에리히' 크레머 (Peter Erich Cremer) 중령의 저서 「U보트 커맨더」 (하야카와 문고)를 읽은 독자도 있을 것이다. 전쟁도 막판에 접어든 이 시기, 많은 해군 장병이 육지에 올라가 보병이 됐다. 크레머 중령은 「해군 대전차대대」(!?)를 지휘, 함부르크 근교에서 영국 기갑부대와 마주쳤다. 오호통재라… 끝장이다.

공군 지상부대의 위장색을 한 (스프린터 패턴이라 한다) 스먹(smock) 재킷. 오른쪽 가슴의 독수리 국가장도 공군 기장이다. 아마도 바지의 사이즈가 맞지 않아 허리가 헐렁해 재킷 옷단을 바지 안에 넣어 입은 것 같다.

U보트 승조원은 아니지만, 소형함 승조원의 '복장 불량'(선도부 시점)을 보여주는 좋은 예. 트롤러를 개조한 호위소해정 승조원이라 필자 멋대로 상상해 보았습니다. 제식모 (위관급)가 없었다면 어디 가게의 젊은 사장이라 생각했을 듯 ―

쌍안경으로 견시 중인 U보트 승조원. 주목할 점은 쌍안경을 들고 있는 방식이다. 영화 같은 데서는 배우가 양손으로 '꽉!'하고 강하게 움켜쥐고 있지만, 실제로는 이런 식으로 「붙잡는」 것이 아니라 「받치는」 느낌으로 들고 있다. 힘줘서 잡고 있으면 손떨림이나 배의 흔들림이 몸에 전해져 시야도 크게 흔들리고 만다. 해상에서 사용하는 쌍안경은 7x50, 8x50 배율의 고배율이다. 숫자의 의미는 앞의 7(8)이 배율, 뒤의 50이 대물 렌즈의 구경(mm)을 표시한다. 이 숫자가 클수록 시야가 넓고, 멀리 볼 수 있다.

고무제 접안렌즈 보호 캡

이 부분에 김서림 방지용 건조제가 들어있다.

E.라이츠(E.Leitz)사제의 7x50배율 쌍안경. 사제도 포함해 다양한 타입이 사용됐지만, 공통적으로 방수와 내충격을 겸한 고무 코팅이 된 것을 사용했다. 참고로 4시간 당직 근무 중 실제로 쌍안경을 보는 시간은 3시간 반, 나머지 30분은 렌즈의 김서림이나 물방울을 닦는데 소요된다는 통계가 있다 ―

황천 항해 시 함교 당직의 필수 아이템인 검은색 오일스킨 방수 코트. 독특한 형태의 모자와 세트로 이 오일스킨 코트는 군민 상관없이 뱃사람의 세계 표준이다. 독일 해군의 지급품은 진한 감색 펠트로 만든 옷깃이 달려 있다.

영화 「특전 U보트 (Das Boot(1981)」 에도 등장하는 플라스틱 고글. 야간 당직용 빨간 렌즈(필터)가 들어갔다. 그밖에도 황색(=밝은 운천), 호박색(=강한 일광), 녹색(=맑은 청천)의 필터가 있다. 하지만 일일이 교환하자면 귀찮지 않나?

쌍안경의 렌즈에 '착' 밀착할 수 있도록 전면은 평평하게 만든다.

U보트 승조원의 구명조끼와 쌍안경

Kriegsmarine U-Boats Crew in World War II vol.3

잠수함에는 수상함에 없는 특별한 장비가 존재한다. 예를 들어 잠수 중 침몰할 때 함에서 탈출하는 데 쓰이는 탈출용 잠수 장비 같은 것이 있다. 여기서는 이런 잠수 장비나 구명조끼, 그리고 사냥감을 찾는 데 중요한 수단인 쌍안경 등에 대해서 설명하겠다. 새로운 함장을 맞이해 전도다난한 코믹편의 결말도 즐겨 주시길.

▽ 사관 및 부사관의 리퍼 재킷(reefer jacket)에 해당하는 군장이 수병은 수병복(세일러복)이다. 기본 스타일은 「원조」인 영국 해군과 같다. 일러스트는 육상에서 경비 임무 중인 U보트 수병.

— 철모는 육군의 M35형과 색과 모양이 같다. 다만 해군은 독수리 국가장이 황색이다.

— 검은색 실크 네커치프도 영국식이지만, 독일 해군에서는 양단을 단정히 묶고, 그 위에 흰색 레이스를 감았다. 독일인다운 철저함이랄까

— 상의는 짙은 감색 모직에 독수리 국가장은 황색. 영국 해군에 비해 앞섶이 바짝 붙은 타이트 핏이다. 왼쪽 가슴의 U보트 전공장(U-Boat War Badge)으로 이 사람이 잠수함 승조원임을 알 수 있다.

앞에서도 설명했지만, 해군의 바지는 두툼하고 바지단이 넓은 나팔바지다. 그래서 움직일 때 펄럭여 거추장스러운지 이 사람은 바지단을 접었다.

※ 여름용 백색 면직 상하의도 있다. 가슴의 독수리 기장은 청색이다.

▽ U보트에서 사용되는 구명조끼는 카포크식보다는 수납 공간을 차지하지 않는다는 점 때문에 주로 가스팽창식을 사용한다. 공군용과 색(황색)과 형태가 같다.

시간이 지날수록 조금씩 가스가 빠져나가기 때문에 이 튜브로 숨을 불어 넣어 부력을 보충한다.
— 구난용 휘슬
— 이산화탄소 실린더

등쪽은 이런 식으로 끈만 달렸다. 원래는 항공기 승무원용으로 배낭식 구명보트와 낙하산을 메는 데 방해되지 않도록 고안한 디자인이다.

이 밸브를 돌리면 가스가 나온다.

이 끈은 다리 사이로 넣는다.

특이한 호스컬러형 목받이

이 끈은 허리에 두른다

필자도 몰랐었는데 세일러복의 옷깃은 이런 식으로 별도 파츠로 되어 있다. 먼저 속옷 셔츠 위에 윗옷깃을 끈으로 묶은 위에 세일러복(실은 단추 없는 풀오버)을 입은 후 옷깃을 밖으로 빼내면 「세일러복」이 된다. 세일러복은 육지에서만 입으며 옷깃을 빼면 평범한 풀오버로 재킷이나 스웨터 아래에 받쳐 입을 수 있다. 앞섶이 좁고 타이트핏인 모양새는 이런 쓰임새 때문일 것이다. 참고로 하늘색—영어로 「콘플라워(CornFlower:수레국화) 블루」— 바탕에 3줄의 흰색 선이 있는 스타일은 「넬슨즈 컬러(Nelson's Collar)」라 불린다.

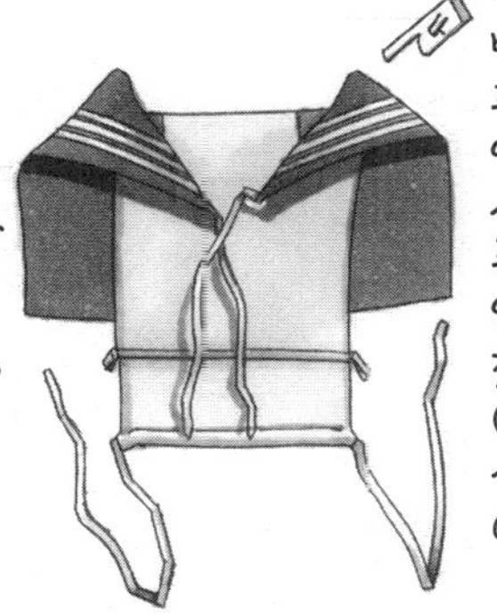

U-73의 해도판(좁다!)에서 작업 중인 조타수(Steuermann). 흰색 런닝에 검은색 반바지라는 스포츠 웨어 모습의 승조원은 자료사진에서도 마찬가지일 것이다. 열대 지방이 아니라도 함내는 덥고 답답하다. 셔츠의 가슴에는 독수리 국가장이 큼직하게 프린트돼 있는데, 현재 시점에서 보자면 상당히 촌스러 보인다(웃음). 무지인 경우는 같은 런닝셔츠라도 속옷이 된다. Steuerman은 영어로는 Helmsman으로 직역하면 조타수가 되지만, 실제로는 항해사에 해당한다. U보트는 승조원의 수가 적어 대형함이라면 사관이 담당할 임무도 고참 부사관이 맡는다. 앞서의 '초계장이란 부장을 말함'도 그렇지만, U보트에서는 직책의 이름과 실제 직무 내용이 다른 경우가 흔해 필자처럼이 어설프게 아는 사람을 곤란하게 만든다—

▽ 구명조끼를 착용하고 8.8cm 주포에 달라붙은 수병. U보트 근무는 힘들어 보인다. 이 일러스트에는 복더 스타일의 안전벨트와 하네스에 주목. 하네스 끝의 카라비너는 주포의 핸들에 걸고 있다. 황천 항해 중 갑판작업을 할 때는 머리 위에 있는 점핑 와이어에 안전줄을 거는 경우도 있다.

▽ 이쪽도 U-73의 크루. 착용한 장비는 칼리파트로넨(Kalipatronen)이라는 호흡 장치. 목에 걸고 있는 용기 안에 흡착제가 있어 날숨의 CO₂를 제거하는 구조다. 폭뢰 공격을 피하기 위해 착저했을 때 함내 공기의 이산화탄소 농도가 높아지는 걸 늦춰 준다. 상당히 무거워 보인다.

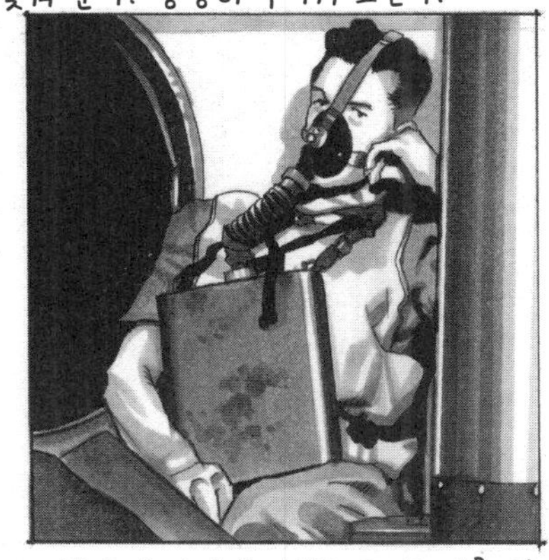

이 인물은 준비성 좋게(?) 구명조끼를 입고 있다. 조심성이 많은 성격인가?

제2차 세계대전의 독일 해군 U보트 승조원 ~2편~

그리고 다음날
차렷!
으―ㅓ
베이~
함장님께 경례!
U1333의 승조원 제군!
본관이 이번에 함장으로 취임한
지크프리트 트리스탄 파르지팔 탄호이저 리하르트 귄터 지크문트
그라프 폰 바그너 운트 로엔그린 대위다!
길다…
김수한무냐

참고로 1(2).W.O.라는 약칭으로 부를 때는 「아인스(츠바이) 베 오」라고 읽는다.(읽기 힘들다면 미안!)

하지만 제군은
짧고 간결하게!
싱긋
파파 지크라던가?
생각보다 괜찮은 녀석일지도
소근
소근
미남 아이가♪
백작 함장 각하! 라고
불러 다오!!
아ㅋ
반짝
아ㅋ아ㅋ
영 파이다
뭐 저런 놈이 다 있어?

저기예, 그니까네…
백작 함장 각하께선 우째서 U보트에 지원하셨심까?
보이지 않는 바다 속에서 기습해 일격필살!
켁!
재::시이에
콰앙
으악!
콰앙
이야아♪ 기대되는군!!
뿍
하ㅓ, 하ㅓ, 하ㅓ
와하하하♪
쓰레기네
쓰레기다
응성
응 성
그거야 당연히!!
하하하♪
반짝
상대는 비무장의 상선이니까 이쪽이 당할 위험도 전혀 없지
이를테면 배후에서 민간인을 베어 쓰러뜨리는 무사의 명검 시참과도 같지
반짝반짝

그리고 함선을 일신하는 대개장 공사가 개시됐던 것이었다―
비밀병기(?) 슈노켈도 달았다.
바ん
짜잔
하ㅓ하ㅓ
와하
토미의 항공 공격은 두려워할 것이 없다!
연장 20mm 기관포 ×2
단장 37mm 기관포
8.8cm 주포는 철거했다
반짝
목표는 뒷치기로 10만 톤!!
확장한 2단 대공포좌는 '빈터가르텐'(겨울 정원)이라 부른다
하ㅓ, 하ㅓ, 하ㅓ
하하핫
533mm 어뢰발사관×4
함미에도 어뢰발사관 1기가 있다!
U1333과 크루들을 기다리고 있는 운명은!?
차회 풍운격투편 으로 이어집니다

그런데 그 순간 함이 크게 롤링해 버렸고…

※실화다. 42년 9월, U203 함장(기사십자장 수훈자)이 같은 사고로 사망하는 일이 있었다.

1(2).W.O는 Erster(Zweiter) Wach Offizier의 약자로 영어로는 1st(2nd) Watch Officer. 해석하면 선임(차석) 당직사관이다

1당직사관이라는 이름은 범선 시대에서 유래한 이름이라 어떤 직책인지 감을 잡기 어려울 것이다. 대략 함장 다음의 No.2/3의 사관으로, 한국 해군을 기준으로 하면 1.W.O는 부장(부함장)이라 하겠다

레만 빌렌브로크(Heinrich Lehmann-Willenbrock) 함장(U-96)이 입고 있는 것은 쉽 스킨(양가죽) 재킷. 추운 북방 수역에서 당직을 서는 승조원들에게 인기가 있었다. 오른쪽은 등쪽 모습. 허리 부분에 사이즈 조절용 벨트가 붙어 있다.

쌍안경은 7배율X50의 자이스 사 제품이다.

견본은 1805년 무렵의 프랑스 해군 수병..당시의 선원용 재킷에는 단추와 단추구멍이좌우 1열씩 있어 앞섶을 좌우 어느 쪽으로든 여밀 수 있었다. 범선은 일정 방향에서 바람을 받으며 항해하는 경우가 많아 재킷의 앞섶을 풍하 측으로 맞춰 바람과 파도의 물보라가 옷 안으로 들이치지 않게 했다.

겨울 패션으로 피코트(PeaCoat)나 더블 코트를 입을 때 이런 점을 생각하면서 입는다면 <진짜배기>라고 어필할 수 있겠다. ☺

U보트 승조원의 다양한 복장들

Kriegsmarine U-Boats Crew in World War II vol.2

제2차대전의 전 기간에 걸쳐 광범위하게 활약한 U보트 승조원들의 유니폼은 다양한 배리에이션을 보여준다. 여기서는 이어서 잠수함 승조원의 복장에 대해 이것저것 소개하겠다. 또한 실제 승조원의 생활이 어떠했는지 잡학(?)을 한가득 담아 코믹을 통해 소개하겠다.

▽ 상급 부사관(NCO) 이상의 해군 군인에게는 동절기 방한용으로 짙은 감색의 모직 오버 코트가 지급됐다. 일러스트는 U-28의 중사 승조원(Oberfeltwebel).

단추는 이렇게 전부 채운다. 옷깃을 접어 오픈넥으로 하는 일은 장성이나 제독급만의 전유물이었다.

부사관의 견장은 앞쪽이 각이 져 있다.

등쪽은 이렇다. 장식용 단추에 주목.

이쪽은 전회에 등장한 블라이히로트 (Heinrich Bleichrodt) 대위. 기사십자장(RK)을 수여받은 자만은 훈장이 잘 보이도록 코트를 오픈넥으로 착용할 수 있다. 과시하는 것 같아 뭔가 좀 유치한 느낌이다.

독일군 공통의 약모. 육군에서는 통칭 작은배형 모자(Schiffchen)이지만, 해군에서는 왠지 갑판(근무)모 (Bordmoutzen)라고 부른다. 또한 사관용 약모는 접어올린 부분의 테두리에 금실 장식이 들어갔다.

△ 전회에 소개한 가죽 재킷(2종)&바지. 더블 재킷의 등쪽은 이런 모습이다. 1/35 피규어를 만들 분은 참고하시길(모형지니까). 참고로 회색 외에 흑색 버전도 있다. 회색은 주로 U보트 승조원이, 흑색은 수상함선의 승조원에게 지급됐다. 원래 규정이란 예외가 있는 법……

U보트 에이스 중 1명인 헤르베르트 슐츠 (Herbert Emil Schultze) 소령(U-48). 일부러 흑색 재킷을 입은 것은 자기주장을 표현한 것인가(웃음). 추위를 타는지 목에 핸드워머를 걸고 있는데 이렇게 나약한 모습을 보여도 OK인 건 함장의 특권?

이 털모자도 수상해 😊

당시 계급은 대위였다

▽ 개전 초기 무렵의 U-25 승조원인 중사. 중사(Obermaat) 이하의 하급 하사관과 수병은 제식모가 수병모, 오버 코트가 더블 피 재킷이 된다. 어차피 수병모나 사관의 코트는 육지에서밖에 착용하지 않는다. 바지는 회색 가죽바지로 벨트가 아닌 서스펜더(멜빵)을 사용해 착용한다.

영국 전투복은 승조원들에게 호평을 받았다. 전리품의 재고가 떨어지자 같은 사양의 「국산품」이 등장했다.

원본과 마찬가지로 면/데님 재질이지만, 색은 회녹색(리드 그린)이다. 재질이 데님이다 보니 세탁할수록 점점 색이 빠진다.

견장은 분리 가능.

이 랜야드(끈)에는 휘슬이 묶여있다.

같은 U-48의 선임사관 주렌 중위(당시)는 어떤 경로로 입수했는지 육군 오토바이병용 고무코팅 방수 코트를 입고 있다. 소매를 반바퀴 두른 형태의 계급장을 추가했지만, 가죽 재킷 소매에 계급을 표시하는 스트라이프를 넣은 사관도 있었다.

스승(?)의 가르침이 좋았던 건지 진급한 라인하르트 주렌 (Reinhard Suhren) 대위 (41년)는 U-564를 지휘해 에이스가 됐다. 오랫동안 착용한 제식모는 이미 너덜너덜. 독일 해군도 반카라(사어)* 패션이 유행한 듯 「3회 생환」한 행운을 부르는 검은 고양이 엠블렘도 U-48에서 계승한 것.

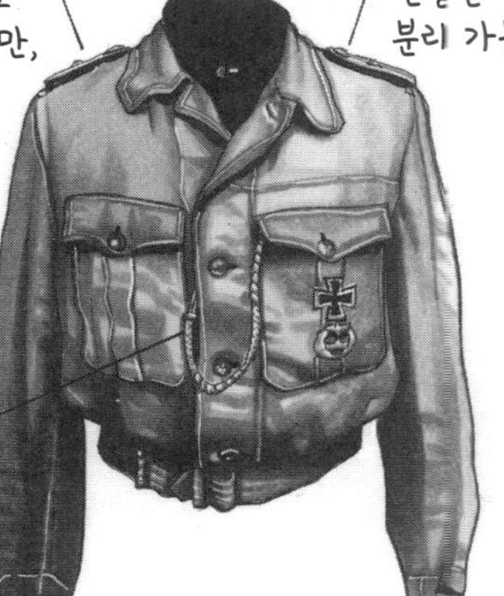

판금으로 만든 함의 엠블렘을 정모나 약모에 핀으로 고정한 것은 「특전 U보트」에도 나오는 모습이다. ♪

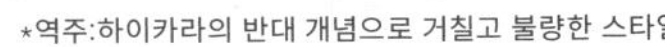

*역주:하이카라의 반대 개념으로 거칠고 불량한 스타일.

U보트 승조원의 제복으로 가장 유명(?)한 것은 영국 해군의 전투복(배틀 드레스)일 것이다.프랑스에서 철수할 때 버리고 간 것을 재이용한 것으로 U보트 에이스인 크레치머(Otto Kretschmer) 함장(U99)이 입기 시작하면서 퍼졌다고 한다.

해군 사관 제식모는 캡이 커서 체구가 작은 사람 (U93 함장클라우스 코르스(Claus Korth) 대위)이 쓰면 엄청난 대두가 된다. ☺

카키색 데닝 천이다. 단추만은 독일 해군의 것으로 교체했다.

독일 군복은 당연하다는 듯 우측 가슴에 독수리 국가장이 있는데, 이럴수가! 의외로 착용을 하지 않는 경우가 많다! 〈잠수함 승조원〉은 짜잘한 일은 신경쓰지 않는 건가?

육군과 같은 형태의 반장화(Jack Boots:잭 부츠)도 널리 사용됐다. 미끄럼방지를 위해 밑창은 고무다.

▽ U1333('일삼삼삼'이라 읽는다) 크루. 착용하고 있는 옷은 경량 면직 작업복 상하의로 색은 육군과 같은 회녹색(리드 그린)이다.

함교 당직의 필수 아이템인 목에 두르는 타월. 어째서 필수품이냐면 —

바다가 조금만 거칠어져도 U보트에 파도가 들이치기에 해치를 열면 바닷물이 폭포수처럼 쏟아져 내린다!

두꺼운 가죽장갑도 갑판 근무의 필수품.

사관이나 하사관(NCO) 중에는 자비로 사제 가죽 재킷을 사서 착용하는 사람도 있었다. 그림은 바이크 라이더용이다.

체크 무늬 셔츠를 입은 U보트 승조원을 보는 게 드문 일은 아니지만, 해군이 시판품을 일괄 구매해서 지급한 경우도 있다 하니 이야기가 살짝 복잡해진다.

U보트 부대는 전시에 급격히 규모를 키웠기 때문에 보급이 따라오질 못했을지도···

크레치머 함장이 영국군 전투복을 채용한 이유도 「이거라면 크루의 복장을 통일할 수 있겠다!」라고 판단했기 때문일 것이다. ☺

42년부터 지급된 열대용 제복은 탄색의 셔츠와 긴 바지가 한 세트다. 모자는 육군의 것과 동형으로 햇빛을 가리기위해 모자챙이 길다. 지중해나 흑해 방면 외에도 남대서양 수역에서도 사용됐다.

열대용의 약모는 백색. 독수리 국장은 청색이다.

금속제 독수리 기장. 빨래할 때는 빼놓아야 해서 귀찮다.

이 형태의 가죽 재킷은 주로 〈제훈트〉 등의 소형 잠수정 승조원에게 지급됐다. 확실히 잠수정의 크기가 전차급에 불과하기는 하지만··· ☺

대전 말기에 보이던 가죽 재킷. 색은 검정에 육군(또는 무장SS)의 전차병용 짧은 재킷과 형태가 같다.

마찬가지로 육군과 같은 형태의 모래색 재킷. 아프리카군단에서도 사용했다.

백색 약모에 반바지 조합은 일본 점령하의 말레이 반도(페낭)에서 작전 중인 〈몬순 전대〉 U보트 승조원의 전형적인 복장이었다.

U보트 승조원의 기본적인 복장

Kriegsmarine U-Boats Crew in World War II vol.1

대서양을 건너던 연합군 수송선단의 숨통을 끊기 직전까지 몰고 갔던 독일 해군의 U보트 부대. 여기서는 그 활약을 보인 잠수함 승조원들의 기본적인 복장을 소개한다. 좁은 잠수함에서 장기간 생활하는 승조원들의 복장은 천차만별 이지만, 일단 정복이나 자주 보이던 제복, 제식모 등에 대해 설명하겠다.

▽ U46의 간부 승조원들(1941년). 어느 해군이든 소형함선 크루의 복장은 불규칙하지만, U보트에서는 특히 제각각인 점이 재미있다.

캡은 당연히 네이비 블루. 독수리 국가장과 백엽 장식은 황색(또는 금색)인 것이 육군이나 공군과 다른 점이다. .

더블 리퍼 재킷은 선원의 정장. 이 사람이 입고 있는 것은 낡아 보인다. 수장을 보면 소위인 것을 알 수 있다. 바지는 가죽제로 보인다.

이쪽이 함장인 엔드라스(Engelbert Endrass) 대위. 과연 함장답게 가죽 재킷에 흰색 터틀넥 스웨터를 딱 맞춰서 입고 있다.

함장의 제식모. 「흰색 햇빛가리개를 씌웠다」라는 해설이 있지만, 실제 캡은 원래 흰색 천으로 만든다.

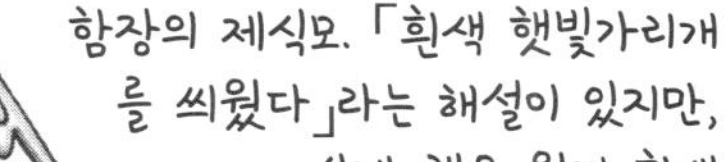

사관이라도 턱끈은 가죽제로 육군이나 공군의 은실 장식끈과는 다르다. ♪ 실질강건한 기풍. 구기지 않은 제식모는 육지에서만 사용한다.

모자챙의 헤두리(금색)는 계급에 따라 차이가 있다.

위관급

영관급

리퍼 재킷에 준정복을 입은 블라이히로트 대위(U48/67/109) ▷

독수리 국가장은 금색. 단추도 금색으로 닻의 마크가 들어있다.

수장 위의 성장은 병과 사관을 나타낸다. 기관과의 경우 톱니바퀴 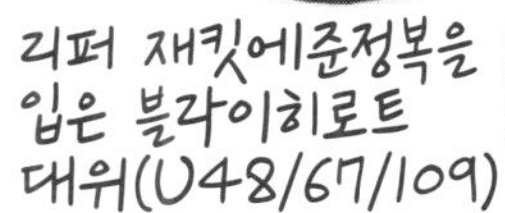 마크가 들어간다.

▽ 승조원에게 지급된 가죽 재킷은 2종류가 있다. 가죽 바지는 공통으로 색은 어느쪽이던 라이트 그레이.

더블에 옷단이 긴 타입은 위의 엔드라스 함장도 입고 있다. 주로 갑판 근무자가 착용했다.

옷깃을 목까지 채우는 탭이 붙어 있다.

이쪽은 싱글에 옷깃도 옷단도 짧은 타입. 기관실 크루를 위한 것으로 좁은 공간에서 기계에 말려드는 위험을 방지하기 위한 디자인이다.

니트 모자도 선원의 세계표준. 꼭대기에 털방울이 달린 모양 때문에 수병들은 〈푸들 모자(Pudelmoutze)〉 라고 불렀다.

두터운 천의 바지도 해군풍. 짙은 감색의 리퍼 재킷은 군민 양쪽 선원의 세계표준이다. 예외가 있다면 일본제국 해군 정도?

U보트 전공장. 2회 이상 출격하고 귀환한 승조원 에게 수여한다. 세부에서 미묘하게 다른 다수의 바리에이션이 있어 콜렉터들의 수집욕을 자극한다(웃음).

군함 유니폼 메모장편

part 3　World Warship Crews

제2차 세계대전의 독일 해군 U보트 승조원 ~1편~
U보트 승조원의 기본적인 복장
제2차 세계대전의 독일 해군 U보트 승조원 ~2편~
U보트 승조원의 다양한 복장들
제2차 세계대전의 독일 해군 U보트 승조원 ~3편~
U보트 승조원의 구명조끼와 쌍안경
제2차 세계대전의 영연방 해군　~1편~
영연방 해군 사관의 복장
제2차 세계대전의 영연방 해군　~2편~
영연방 해군 부사관 및 수병의 복장
제2차 세계대전의 영연방 해군　~3편~
영연방 해군 잠수함 승조원의 복장

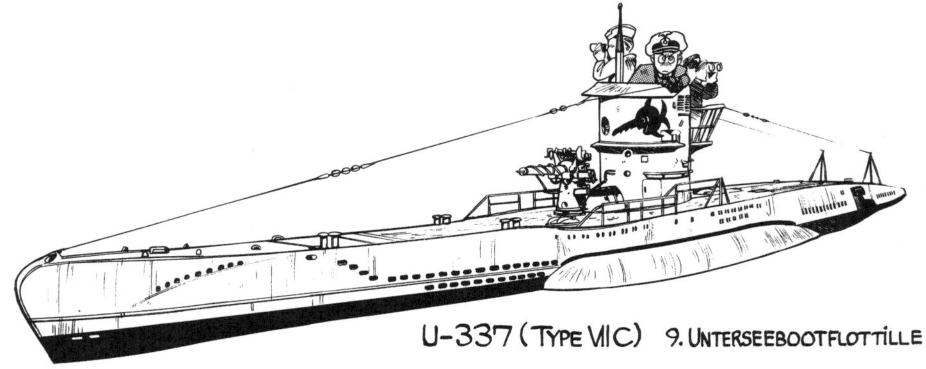

「군함 제복 낙서장」은 현재 함선 모형 전문 잡지
「네이비 야드」(대일본회화)에 연재중입니다.
이후의 연재에도 관심 바랍니다.

요시하라 마사히로 밀리터리 일러스트 작품집

밀리터리 잡동사니 상자

2026년 4월 15일 초판 1쇄 발행

저자	요시하라 마사히로
편집	정성학
마케팅	이수빈
발행인	원종우
발행	㈜블루픽
주소	(13814)경기도 과천시 뒷골로 26, 2층
전화	02-6447-9000
팩스	02-6447-9009
이메일	edit@bluepic.kr
웹	bluepic.kr
ISBN	979-11-6769-491-1 06390